Wenn Pferde von uns gehen

Karin Müller

Wenn Pferde von uns gehen

KOSMOS

Inhalt

In diesem Buch kommen die Pferde zu Wort. Damit Sie die Tierprotokolle und Erfahrungsberichte der Pferdebesitzer schneller finden, haben wir sie mit einem gekennzeichnet.

Det sägs att ovan molnen är himlen alltid blå
Men det kan va' svårt att tro när man inte ser den
Och det sägs att efter regnet kommer solen fram igen
Men det hjälper sällan de som har blitt våta

Man sagt, über den Wolken ist der Himmel immer blau
Aber es kann schwer sein, das zu glauben, wenn man ihn nicht sieht.
Und man sagt, nach dem Regen kommt die Sonne wieder raus
Aber das hilft selten denen, die nass geworden sind.

Det sägs att det finns alltid nånting bra i det som sker
Och tron är ofta den som ger oss styrka
Ja, man säger mycket, men man vet så lite om sig själv
När ångesten och ensamheten kommer

Man sagt, in allem, was geschieht, liegt auch etwas Gutes
Und der Glaube ist oft das, was uns Kraft gibt
Ja, man sagt viel, aber weiß so wenig von sich selbst
Wenn Angst und Einsamkeit kommen.

För när vännerna försvinner, eller kärleken tar slut
Ser man allt med lite andra ögon (...)
Allting kan gå itu, men ett hjärta kan gå i tusen bitar;
Säger du att du är min vän så är du kanske det

Denn wenn Freunde gehen, oder eine Liebe endet,
sieht man alles mit etwas anderen Augen. (...)
Alles kann zerbrechen, aber ein Herz sogar in tausend Stücke
Wenn du sagst, du bist mein Freund, dann bist du es vielleicht
...

Björn Afzelius, schwedischer Sänger/Songwriter

Dieses Buch, sein Thema und ich

„Wenn Du bei Nacht den Himmel anschaust,
wird es Dir sein, als lachten alle Sterne,
weil ich auf einem von ihnen wohne, weil ich auf einem
von ihnen lache.
Du allein wirst Sterne haben, die lachen können!“

(aus: Der kleine Prinz, ANTOINE DE SAINT EXUPÉRY)

Mein Wallach Porky wurde fast 36 Jahre alt, meine Stute Sunny 24 Jahre alt. Beide waren dem Tod schon mehrmals von der Schippe gesprungen. Wir hatten einige Male gekämpft und gewonnen – oder vielmehr: Wir hatten noch ein bisschen gemeinsame Zeit hier geschenkt bekommen.
Und doch musste ich mich wie jeder andere Tierbesitzer auch mit dem einen unausweichlichen Gedanken konfrontieren: Eines Tages, der nach Adam Riese nicht mehr allzu fern sein konnte, würden wir körperlich Abschied nehmen müssen. Ein Damoklesschwert, das über uns allen als Tierhaltern und Pferdefreunden hängt oder schon hing.
Seit Erscheinen der ersten Auflage dieses Buches sind inzwischen über zehn Jahre vergangen. Einige Gesetze und Verordnungen haben sich seither geändert, ein paar Interviewpartner die Berufe gewechselt. Entsprechende Passagen habe ich aktualisiert und angepasst. Ansonsten ist in dieser Neuauflage alles geblieben, weil sich das große Ding mit dem Leben und dem Sterben nicht wirklich ändert. Ich habe über all die Jahre hinweg kontinuierlich immer wieder wunderschöne Rückmeldungen von Pferdemenschen bekommen, denen dieses Büch-

lein in schweren Stunden oder in der Vorbereitung darauf gut getan hat und zum Freund und Helfer wurde. Vielen Dank dafür und vielen Dank auch dem Kosmos Verlag und Alexandra Haungs dafür, dass es nun wieder erhältlich ist.
Die meisten von uns schieben das Thema Tod gern ganz weit weg. Dies ist ein Buch über ein tabuisiertes Thema: Sterben, Abschied nehmen, trauern.
Was wir allzu gern verdrängen, ist: Wenn alles gut läuft, sterben all unsere Haustiere vor uns. Die Lebenserwartung des Menschen ist nun mal höher als die unserer Pferde, Hunde, Katzen, Kaninchen – und das hat sicher auch einen Sinn.
Das älteste Lebewesen der Welt ist nach derzeitigem Wissensstand ein antarktischer Riesenschwamm. Forscher haben sein Alter auf über zehntausend Jahre geschätzt. Die älteste Landschildkröte starb mit mutmaßlichen 256 Jahren, ein Grönlandwal wurde mit angeblichen 211 Jahren getötet. Elefanten können etwa siebzig Jahre alt werden. Die älteste Hauskatze soll „Ma" aus England gewesen sein, sie wurde 34 Jahre alt. Als betagtester Hund der Welt lebt der Beagle Butch mit derzeit 27 Jahren in den USA.
Und das älteste Pferd? Laut Internet erreichte Old Billy (1760 bis 1822) von Edward Robinson in Woolston das höchste registrierte Pferdealter. Als er am 27. November 1822 starb, war er angeblich 62 Jahre alt. Das älteste Pony aller Zeiten war eine Welsh-Araber-Kreuzung namens Sancho. Das Pony, das Elizabeth Saunders (GB) gehörte und von der Veteran Horse Society in North Pembrokeshire (GB) entdeckt wurde, war 54 Jahre alt, als es im August 2003 starb.
Die normale Lebenserwartung von Pferden liegt bei etwa 35 bis 40 Jahren – laut Angaben deutscher Haftpflichtversicherer werden unsere Pferde im Schnitt allenfalls 15 Jahre alt, der BUND gibt in einer Studie aus NRW sogar nur fünf bis sieben Jahre an.

Erschreckend? Nun, ganz egal wann der Tag X kommt – gewiss ist vor allem eins: Er kommt. Und spätestens dann müssen wir uns mit dem Thema Abschied, Sterben, Loslassen auseinandersetzen.
Wie viele unserer Pferde sterben einen natürlichen Alterstod? Wie kann eine Sterbebegleitung aussehen? Und was heißt das überhaupt? Wie viele unserer Reittiere werden eingeschläfert nach Krankheit oder Unfall, wirklich um Leiden zu lindern – oder weil das Geld für die Behandlung nicht reicht oder der Mensch seines Sportgerätes (Partner oder Freund mag ich da nicht schreiben) überdrüssig geworden ist?
Die Haupttodesursachen von Pferden in Deutschland, Österreich und der Schweiz sind Kolik und Lahmheit (die dann wegen „Unbrauchbarkeit" zum Schlachter führt).
Manche Menschen schläfern ein, andere lassen schlachten – also per Bolzenschuss und Ausblutung töten. Alle lieben ihre Pferde auf ihre Weise und haben ihre persönlichen Gründe für diese oder jene Entscheidung. Dahinter stehen Gewissensfragen, Glaubenssysteme. Eine Bewertung der Entscheidung anderer steht uns nicht zu. Jeder ist Profi für sich selbst. Aber fragen wir uns – als Vorbereitung und zur Verarbeitung: Aus welchen Motiven handeln wir wie? Womit setzen wir uns wie auseinander? Was vermeiden wir, wovor fliehen wir, was kompensieren oder verdrängen wir?
Und was haben wir und unsere Pferde letztlich davon?

Was will dieses Buch?

In unserer Gesellschaft werden die Themen Krankheit, Sterben, Trauer und Tod ausgegrenzt und tabuisiert. Wir haben den Umgang mit dem menschlichsten aller Themen verlernt. Wir möchten ausblenden, was unausweichlich ist. Wir halten es von uns fern, von unseren Kindern – wir schauen weg, solange es geht. Doch Joe Black kommt durch die Hintertür täglich ins Wohnzimmer, ins Schlafzimmer. Tod von Mensch und Tier sehen wir im Fernsehen, wir lesen täglich davon in der Zeitung. Tausendfach, in jeder Minute. Mal mehr, mal weniger berührt, vielleicht gar schockiert. Aber ist das, was wir da präsentiert bekommen ein „natürlicher Tod"? Was immer das sein mag? Hilft uns das, besser damit klarzukommen? Diese Art Sterbebeobachtung brennt sich wie jede andere Wahrnehmung in unser Gehirn ein. Ein Surrogat mit Folgen. Wir nehmen auf. Wir lernen. Wir stumpfen ab, wir distanzieren uns weiter. Oder wir gehen in Resonanz und trauern und leiden mit, wo es uns eigentlich gar nicht „betrifft".

Für unsere Angst, für unsere Schwierigkeiten, mit Sterben, Tod und Trauer klarzukommen, ist dies der perfekte Nährboden.

Und in der Stunde X reagieren wir mechanisch oder überstürzt, vorschnell, hilflos, egoistisch, denn wir wissen nicht, was eigentlich passiert, sind unvorbereitet, wir lassen uns ausgrenzen von scheinbaren Profis, auch im Humanbereich: Apparatemedizin, terminisierter Zeitpunkt. Tod und Sterben werden gleichgesetzt mit dem peinlichen Versagen der Körpermaschine. Würde und Respekt dem Sterbenden und den Abschied Nehmenden gegenüber bleiben oft auf der Strecke. Denn uns geht es nicht allein so, auch mancher Arzt oder Veterinär fühlt sich überfordert und ist nicht ausgebildet, auch den Seelen zu helfen.

Gibt es einen guten Tod? Darf ein Tier in unserer Gesellschaft überhaupt noch „natürlich" sterben? Uns begegnen Menschen, die in unseren Augen vielleicht „zu lange" warten – weil sie nicht loslassen können? Und es begegnen uns solche, die in den Augen anderer vielleicht „zu früh" eine finale Entscheidung treffen. Ist das eine verwerflicher als das andere?

Unsere Kultur steht an mehreren Scheidewegen gleichzeitig. Religion findet kaum noch im Alltag statt. Wie soll sie uns wei-

terhelfen können, wenn wir sie wie einen Fremden erst im Angesicht des Todes wahrnehmen? Was für ein Weltbild haben wir, wenn es um Tod und Trauer, um Abschied nehmen geht? Woran glauben wir? Wo finden wir Halt? Welchen Stellenwert haben Tiere, haben unsere Pferde in unserer Gesellschaft? Und in unserem eigenen Denken und Fühlen? Niemals stärker als im Angesicht des Todes werden wir auf unsere Grundfesten zurückgeworfen.
Wenn ein Mensch stirbt, ist die Schwellenangst schon groß genug, über den Verlust, den Kummer, die Trauer mit jemandem zu reden. Womöglich gar professionelle Hilfe zu suchen bei einem Therapeuten, einem Trauerbegleiter. Aber wer traut sich, diesen Weg zu gehen, wenn es sich „nur" um ein Tier handelt? Und welcher Therapeut versteht es, Sie da aufzufangen, wo Sie stehen, Sie damit wirklich ernst zu nehmen? Und nehmen Sie sich selber ernst damit? Oder sind Ihre Strategien so perfekt, dass Sie das alles komplett von sich weisen, ein Tier ums andere austauschen, ersetzen?

Welche Rechte, welche Möglichkeiten, welchen Zugang haben wir – jede/r von uns auf seine/ihre Weise – einen Abschied würdig und annehmbar zu gestalten? In Respekt für alle Beteiligten: Auch der letzte Weg kann schön und sanft gestaltet werden! Dann wird auch für uns das allein Zurückbleiben, das Loslassen, der Umgang und die Trauer leichter.

Mut machen und Trost spenden

Dies Buch will zu all diesen Themen Hilfestellungen geben, es will Dinge rund um Sterben, Tod und Trauer beantworten, die Sie vielleicht nicht zu fragen wagen, einen anderen Blickwinkel ermöglichen helfen, Mut machen und Trost spenden. Es will gangbare Wege aufzeigen, es will begleiten und es will

auch von Menschen und Tieren erzählen, die diesen Weg bereits beschritten haben, und die angekommen sind und Frieden gefunden haben. Was uns am meisten Angst macht, ist das, was wir nicht kennen.
Ändern wir unser Feindbild und das größte aller Missverständnisse: Der **Tod** ist nicht das Gegenteil von Leben. Er ist, wenn überhaupt, das Gegenteil von Geburt.
Leben ist das, was zwischen Geburt und Tod stattfindet.
Und noch eine Wahrheit: Sterben müssen wir alle. Es ist noch keiner hiergeblieben.

Nun ist es Einstellungssache, ob wir vor dieser Erkenntnis weglaufen, sie verdrängen, beschönigen, umdeuten, projizieren ... Wie wir mit dem Sterben und Tod unserer Vierbeiner umgehen, hat auch immer etwas mit uns selbst, mit unserer ureigenen Angst vor dem Tod, vor dem was danach kommt – oder nicht – zu tun.
Und wer bin ich, dass ich darüber schreibe?
Nun, zum einen bin ich Heilpraktikerin für Psychotherapie und habe schon zahlreiche Menschen und Tiere beim Sterben und im Trauerprozess begleitet. Ich bin Kulturwissenschaftlerin, habe den Beruf der Redakteurin erlernt und jahrelang im Hörfunk- und Printbereich ausgeübt. Ich bin Autorin und Seminarleiterin, ich bin Tierdolmetscherin und gebe seit vielen Jahren Kurse in Tierkommunikation. Ich bin mit Haustieren groß geworden und habe sie fast alle auch in den Tod begleitet. Ich bin mit ihrem Sterben, mit dem Tod groß geworden. Ich habe erfahren, dass er ein Teil des Lebens ist und viele Gesichter hat. Und all dies greift beim Thema dieses Buches ineinander.
Sie werden in diesem Buch auch Gedankenprotokolle von Pferden zu lesen bekommen, die sich auf den Weg über die Regenbogenbrücke vorbereiten oder ihn bereits gegangen

sind. Wenn dies Ihr erster Kontakt mit der Möglichkeit der Tierkommunikation ist, wird bei Ihnen vielleicht die eine oder andere Frage auftauchen. Vielleicht kippelt auch Ihr Weltbild ein klein wenig. Erklärungen, Ansätze, Antworten und noch mehr Fragen rund um die Tierkommunikation finden Sie in anderen Büchern, von anderen Autoren und auch gern von mir. An dieser Stelle schlage ich Ihnen einfach vor, lassen Sie die Gedankenprotokolle auf sich wirken und fühlen Sie in sich hinein, ob und was diese Aussagen in Ihnen anstoßen. Lassen Sie sich berühren, bewegen. Fühlen Sie einfach.

Wir alle können uns mit Tieren auf gedanklicher Ebene verständigen. Wir müssen nur in unserem Weltbild, in unserem Vorstellungsvermögen zulassen, dass es sein kann, damit wir es wahrnehmen können. Nach dem, was ich weiß und erfahren habe, geschieht Telepathie Tag für Tag nicht nur zwischen Menschen, sondern auch zwischen den Arten. Jeder von uns kennt derlei Phänomene aus dem Alltag, wir wissen, dass Naturvölker (sicher kulturell begünstigt durch den Mangel an Telefonen) darin eine gewisse Perfektion haben. Wir leben in einem Zeitalter, das sich vom mechanistischen Weltbild verabschiedet und sich quantenphysikalisch annähert: Es gibt keine absolute Wahrheit, das Ganze ist mehr als die Summe seiner Teile und Realität entsteht einzig im Bewusstsein des Betrachters. Oder Sie nehmen die Gedankenprotokolle einfach als Geschichten, die Sie mehr oder weniger berühren und halten sich an den pragmatischen Rest.

Was auch immer Sie glauben mögen, entscheiden Sie allein. Im Zweifel rüttele nicht ich an Ihren Vorstellungen und Überzeugungen, sondern einzig Sie selbst. Ich bin die Frau, die dieses Buch geschrieben hat. Sie halten es in Ihren Händen. Sie lesen – oder auch nicht. Sie ziehen sich Dinge daraus, die für Sie und Ihr Pferd von Nutzen sein können – oder nicht.

Dieses Buch besteht aus soundsoviel Gramm soundso gekörntem Papier, aus Druckerschwärze, einer Menge X an unterschiedlichen und gleichen Buchstaben. Das ist die mechanistische Herangehensweise.

Sie entscheiden, ob und wann Sie welche Seiten lesen und was Sie daraus machen. Ich glaube nicht an Zufälle. Schön, dass Sie hier sind. Auch das ist Quantenphysik.

Noch vor wenigen Jahrzehnten hat man Säuglingen, geschweige denn Föten, keine Narkose oder Betäubungsmittel bei Eingriffen verabreicht, weil man davon ausging, dass sie keinen Schmerz empfinden. Man dachte auch, Tiere hätten keine Gefühle, geschweige denn eine Seele. Und dass die Erde eine Scheibe sei und die Sonne sich um die Erde dreht, glaubte man auch einmal, aber das ist ein Weilchen länger her.

Heute wissen wir alles besser, wir Besserwisser, und haben immer noch keine Ahnung. Wenn wir mit Tieren in Kontakt treten, mit der Schöpfung, dann wäre es ein grobes Missverständnis anzunehmen, dass Telepathie so etwas Simples wie eine Sprache ohne Stimme ist.

Wir sind von morphischen oder morphogenetischen Feldern umgeben, sagt der englische Biologe Rupert Sheldrake. Von Energie – könnte man auch sagen. Alles schwingt miteinander. Alles ist letztlich mit allem in Verbindung. Wenn wir die Frequenz auf eine bestimmte Wellenlänge einstellen, empfangen wir aus diesem Bereich Informationen – und aus Allem-was-ist drumherum. Wir suchen im Außen eine Quelle und übersehen dabei leicht, dass wir ein Teil dieser Quelle sind. So einfach ist das.

Vielleicht kommen Ihnen ein paar Stellen dieses Buches provokativ vor, vielleicht ist Ihnen einiges zu unverblümt, zu offen und direkt. Vielleicht wirkt es brutal, aber es ist nur ehrlich: Wenn Pferde von uns gehen, geschieht dies nicht immer unblutig und sanft. Auch damit, auch mit den natürlichen oder vom Menschen vorgegebenen Vorgängen müssen wir uns in der Zeit auseinandersetzen, und das tun Sie vielleicht lieber im Vorfeld, in Ihrer Lieblingsleseecke mit „sicherem Abstand“, als „in der Not“. Je mehr wir darüber wissen, desto besser können wir entscheiden und umgehen. Das war mein Ansatz.

Ach ja, auch noch ganz wichtig: Ein Buch vom Sterben und Abschied nehmen hat für mich auch immer mit dem Leben und Geborenwerden zu tun!

Ziehen Sie sich also aus diesem Buch das, was Ihnen gut tut auf Ihrem gemeinsamen Weg. Ich wünsche mir und Ihnen, dass diese Lektüre Ihnen und Ihrem Pferd hilft. Es ist alles gut so wie es ist.

Lassen Sie sich überraschen ...

Liebe Grüße, viel Kraft, Gelassenheit und Herzenssonne!

Karin Müller,
Burgwedel im Herbst 2019

Wer hat Angst vorm schwarzen Mann?

„Der Tod ist das Tor zum Licht am Ende eines mühsam gewordenen Weges.“ FRANZ VON ASSISI

Unsere Pferde sterben. Wir sterben. Daran führt kein Weg vorbei – wie gesagt – es ist noch keiner hiergeblieben.
Das Leben ist also eine Einbahnstraße. Vom Zeitpunkt der Geburt an bewegen wir uns unaufhaltsam auf dieses eine Ziel zu: Den Übergang, das finale Verlassen des Körpers. Die Buddhisten sehen ihn als Fahrzeug, unseren Körper. Bei der Geburt steigen wir ein, dann fahren wir eine Weile damit herum, schauen uns alles Mögliche an, machen Erfahrungen, erleben Abenteuer, lernen was ... Wenn das Auto nicht mehr taugt, gefällt oder verschlissen ist, steigen wir aus und gehen eine Weile zu Fuß (oder fliegen?), suchen uns vielleicht ein neues Auto, das dann wieder auf dem neuesten Stand ist. Was in unserer westlichen Welt den Umgang mit Sterben und Tod so schwierig macht, ist die Verwechslung von Auto und Fahrer. Ich bin nicht mein Körper. Ich bin ich. Ich sitze am Steuer, ich lenke, ich steige ein, ich steige aus. Ich.
Geburt und Tod sind Geschwister, vielleicht sogar ein Liebespaar. Der Tod ist kein Ende, er ist ein Übergang, genau wie die Geburt auch. Das eine Mal wird die Seele in den Körper hineingepresst, das andere Mal heraus. Inkarnation und Exkarnation, dazu kommen wir später noch etwas ausführlicher.
Aber weder das Geborenwerden noch das Sterben finden heutzutage noch im Kreis der Familie statt. Es wird verlagert

in Krankenhäuser, Hospize. Nicht hinschauen. Am besten steuern und lenken, wie es in den Terminkalender passt. Apparate machen es möglich. Kinder werden bequem und schmerzfrei per Kaiserschnitt geholt. Wirtschaftliche und medizinische Bedürfnisse steuern auch den Exitus. Sterbephasen? Wehen? Kann man verkürzen. Wozu die Natur sich sowas ausdenkt? Interessiert uns nicht. Wir denken praktisch und modern. Wir stehen Trauerfällen hilflos gegenüber, bei Mensch wie Tier. Wir haben den Umgang damit verlernt. Wir haben uns der natürlichsten Vorgänge im Leben entfremdet. Bevor Vater oder Mutter sterben, haben die meisten von uns noch nie Berührung mit einem Toten gehabt – manche selbst dann nicht.

Kommen wir zurück zu unseren Pferden. Da sieht es noch düsterer aus. Sterbegeleitung bei Haustieren, das mag man schrulligen älteren Damen zugestehen, denen Waldi oder Elsa Partner oder Kind ersetzt haben. Und unsere Pferde? Sie haben eine Zwitterstellung, sind nicht ganz Haustier, nicht ganz Nutztier. Nutztiere? Ja natürlich, wir benutzen sie doch, so sehr ich dieses Wort auch verabscheue: Für Freizeit, Vergnügen, Sport. Und dann? Ein letzter Liebesdienst? Und wie sieht der aus? Im Garten können wir sie nicht begraben. Also doch zum Schlachter, wo sie der Menschheit noch als Wurst, Kotelett, Seife oder Gartendünger dienen können? Ist das herzlos gedacht oder kann der Gedanke, dem Tod noch einen „verwertbaren" Sinn abzugewinnen auch tröstlich sein? Einschläfern? Einäschern und Tierfriedhof? Eins nach dem anderen, einen Schritt zur Zeit, aber fangen Sie an, sich Gedanken zu machen, so wie auf S. 20 Mitglieder eines Internetforums meiner Seminarteilnehmer, die ich gebeten hatte, mir ihre Gedanken zum Thema Abschied von ihren Pferden mitzuteilen: Wir wissen nie, wann der Tag X anbricht.

Geborenwerden und Sterben gehören untrennbar mit zum Leben. Es sind ganz natürliche Prozesse, die ihren Schrecken einzig dadurch verlieren, dass wir uns mit ihnen auseinandersetzen und die Dinge beim Namen nennen.

Meine Pferde gaben mir über meine Freundin Ulrike Schulze als Dolmetscherin das Folgende mit ins neue Jahr, und ihre Botschaft könnte auch Ihnen und Ihrem Pferd Hilfestellung sein.

Protokoll Porky und Sunny vom 21. Januar 2008

„Aus uns kann es wie aus einer Stimme sprechen. Wir sind einer des anderen Ergänzung. Wir fühlen deine Sorge und uns betrübt deine Angst, die dich befällt, wenn du deine Gedanken in die Zukunft schickst. Doch zur Traurigkeit bietet sich kein Anlass. Denn unser Vertrauen ist ohne Begrenzung und es wird geschehen wie es gedacht wurde und werden wird. Wir können den Ruf der Ferne vernehmen und eine Pforte öffnet sich in unseren Herzen, die den Weg ebnet für unser Voranschreiten in der Zeit.

Wir wollen es gerne wiederholen. Wir werden nicht verloren gehen und wollen auch zusammen weiterziehen. Wir werden ziehen und doch bleiben. Unser Schutz umhüllt dich für alle Zeit bis wir uns später wiedersehen. Das körperliche Leid ist ohne Belang. Sorge dich nicht. Zu schaffen macht uns diese Wärme im Moment, es ist eine Last für den Kreislauf. Doch am Ende ergibt sich alles in einen neuen Anfang. Es stehen viele Veränderungen an in diesem Jahr. Mache dich bereit und nimm dir viel Zeit für dich und uns. Genieße, was wir einander geben können und bewahre es in deinem Herzen, wo es dich behütet und trägt, wenn du uns hast gehen lassen. Wir danken dir für deine große Liebe und das helle Licht. Es wächst die Weisheit vieler Tage in den Seelen unbemerkt. Es bleibt noch Zeit, doch höre wenn wir unsere Zeit erkennen. Du wirst uns jederzeit besuchen können, besonders in der Nacht. Lass' nicht die Angst dein Herz umschlingen, die Freude soll es tragen und es wird sich öffnen für Neues, was dich erreichen will. Wir schicken dir unsere ganze Liebe, und wenn die Blätter fallen, wollen wir weiterziehen."

Gedanken zum Tag X von Kursteilnehmern

„Liebe Karin, ich habe mich für meine Pferde fürs Einschläfern entschieden. Steht auch so im Equidenpass – was man ja dann nicht mehr einfach so ändern kann. Umgekehrt schon. Vom Schlachten zum Einschläfern. Hängt mit der Medikamentierung zusammen. Wenn Einschläfern im Equidenpass steht, dürfen bis zum Schluss alle möglichen Medikamente verabreicht werden.
Außerdem kennen meine Pferde den Tierarzt und ich hoffe, dass dann mal alles ruhig und friedlich über die Bühne geht – und Maxl, so wie er es sich wünscht, mit einem Büschel Gras im Maul gehen kann. Was den Zeitpunkt anbelangt, da bin ich etwas hin und her gerissen.
Wegen meinem Hund Jerry werde ich immer das Gefühl haben, dass es zu früh war. I c h konnte sein Leiden nicht mehr aushalten. Bei Maunzi dagegen habe ich vielleicht (darum) zu lange gewartet ...? ... Sie wollte nicht gehen und hat gekämpft bis zum Schluss. Dass sie zum Schluss diese fürchterlichen Krämpfe hatte, und so elend gestorben ist, tut mir in der Seele weh.
Es ist jetzt genau ein Jahr her, aber mir kommen schon wieder die Tränen. Ich weiß schon.... mitfühlen, aber nicht mitleiden...
Nochmal zu den Pferden. Der Tierarzt hat die Anweisung, die Pferde einzuschläfern, wenn mir morgen was passieren sollte.
Das hört sich vielleicht schlimm an, aber einen guten Platz für drei Gnadenbrotpferde zu finden ist illusorisch. Und ich möchte nicht,

dass sie auf ihre alten Tage noch in der Gegend rumgeschoben werden, Schulpferde sein müssen oder eventuell dann noch auf einem Transport landen. Es werden keine jungen mehr nachkommen. Zumindest, was die Pferde betrifft. Und ich hoffe, dass mir die Zeit bleibt, dass sich die Problematik im Laufe der Zeit so von selbst ergeben wird. Wenn mal nur noch ein Pferd übrig sein sollte, werde ich mir vielleicht einen Gnadenbroteinsteller dazustellen. Meine Hoffnung ist natürlich, dass ich mit meinen Tieren alt werden darf und alle zu ihrer rechten Zeit gehen dürfen. Ich habe es ja vorletztes Jahr mit Faxe erlebt. Er war kurz davor, sich aufzugeben. Solange die Pferde stehen, werde ich kämpfen. Der Zeitpunkt ist gekommen, wenn das Pferd nicht mehr aufstehen kann (und will) und wenn es sich selbst aufgibt. Gott gebe, dass das noch lange hin ist.“ Evelyn Hurm, Leiterkofen

„Den bevorstehenden Tod unserer alten Dartmoorstute Sissi habe ich erträumt, sie hat mir mitgeteilt im Traum, dass sie an einem Tag gehen wird, wenn ich verreist bin und dann niemand da ist, um unsere Tochter Sina (Sissi ist ihr Pony) aufzufangen. Somit können wir nun gute Vorbereitung treffen, um den Abschied zu gewährleisten.

Für mich ist der Tod nur eine karmische Bestimmung, ich habe meinen Lebensauftrag in diesem jetzigen Leben erfüllt, beendet, verstanden. Deswegen darf ich gehen. Bis vor kurzem war die Vorstellung von dem Tod für mich schrecklich, da ich schon sehr viel damit zu tun hatte. Nun begegneten mir in meinen Tieraufstellungen immer wieder Tiere die bereit waren, oder schon gestorben sind. Da die Themen, die uns immer wieder begegnen auch oft was mit uns zu tun haben, und in mir auch eine Seite darauf angesprungen ist, habe ich den Tod aufgestellt und bin zu dem Ergebnis gekommen, dass der Tod „nur“ die Symbolik einer karmischen Bestimmung ist, er hat für mich die schreckliche Vorstellung verloren. Wir haben bei uns zu Hause entschieden, wenn der Tod nicht

freiwillig kommt und wir die Entscheidung treffen müssen, bereiten wir alle Tiere mental darauf vor und lassen das Tier im Kreis der Herde sterben, mit Spritze, damit alle Abschied nehmen können und schicken das Tier dann ins Licht.
Das ist meine derzeitige Sicht auf die Dinge, wir entwickeln uns ja täglich weiter und lernen dazu... Schön, dass ich damit noch mal in die Vorstellung in schriftlicher Form gehen durfte, danke."
Liebe Grüße aus Delmenhorst. Anke Mewes-Tronnier

„Im Jahre 2006 musste meine Islandstute Skila eingeschläfert werden. Sie gab mir den Anlass damals den Kurs bei dir zu besuchen. Sie hatte mich nämlich gefragt: Gehen wir ausreiten? Ich war wie vor den Kopf gestoßen, denn für mich war es klar und deutlich zu verstehen, so als wenn ein Mensch mit mir gesprochen hätte. Es schoss mir sofort durch den Kopf: Dafür habe ich jetzt keine Zeit! Da sah mich Skila vorwurfsvoll an, drehte sich um und ging weg. Nach diesem Erlebnis musste ich einfach den Kurs mitmachen.
Im Jahre 2006 hatte Skila immer wieder Koliken, Ursache unbekannt. An ihrer Haltung und am Fressen hatten wir nichts geändert. Immer wieder war die Tierärztin da, es wurde eine Magenspiegelung in der Klinik gemacht, die dortigen Tierärzte wussten nicht weiter. Wieder zu Hause habe ich dann nach einigen Tagen die Entscheidung getroffen, sie in die Dierenklinik nach Utrecht/NL zu fahren, die haben dort sehr viele gute Spezialisten. An diesem Abend war alles anders: Skila stand auf dem kleinen Paddock und hat in die Ferne geschaut, hat jeden Punkt noch einmal angesehen und sich richtiggehend verabschiedet. Sie wusste da schon (was ich nicht wahrhaben wollte), dass sie nicht wiederkommt.
Am anderen Morgen ist sie ohne zu zögern in den ihr fremden Hänger (meine Freundin ist mit ihrem Hänger gefahren, denn ich war dazu nicht in der Lage) eingestiegen. In der Klinik hat sie die Untersuchungen ohne Gegenwehr über sich ergehen lassen, das hat

sie sonst nie getan. Sie hatte immer ihre eigene Meinung zu allem. Die Diagnose war nicht positiv, die dortigen Darmspezialisten wollten sich noch mal unterhalten. Als ich mich von ihr verabschiedet habe, konnte ich deutlich merken, dass es ein Abschied für immer war. Sie wollte mich nicht bei ihrem Tod dabei haben.
Sie wurde am Montag um 11.00 Uhr eingeschläfert, einige Minuten nach elf fühlte ich eine völlige Ruhe in mir. Da wusste ich endgültig, dass sie es so gewollt hatte und mir nun im Geiste immer wieder beisteht.
Ich habe sehr lange gebraucht, um darüber hinwegzukommen, so ganz habe ich es noch nicht geschafft, denn schon wieder laufen die Tränen. Es ist schon schlimm, ein geliebtes Tier bei seinem Ende zu begleiten, aber ich habe die Erfahrung gemacht, dass das Nicht-dabei-Sein noch viel schlimmer ist."
Liebe Grüße Birgit Willatowski, Rees

„Liebe Karin, meine Stute wird diesen Sommer siebzehn Jahre alt. Zum Glück ist sie ein Islandpferd :-) Unser „Ziel" sind dreißig bis fünfunddreißig Jahre bei bestmöglicher Gesundheit. Trotzdem weiß ich, dass sie vor mir sterben wird und darüber bin ich in vielerlei Hinsicht auch froh, da ich den Gedanken nicht ertragen könnte, sie bei anderen Menschen zu wissen, die sie vielleicht nicht verstehen. Ich habe ihr ein würdiges Ende versprochen – ohne unnötige Schmerzen. Natürlich denke ich mit Grauen an den Tag, habe aber soweit möglich versucht, mich damit auseinanderzusetzen.
Als Erstes habe ich damals kurz nach dem Kauf (1999) den Zusatz zum Einstellvertrag unterschrieben, der bei uns auf dem Hof möglich ist und besagt, dass – sollte ich nicht erreichbar sein – die Hofbesitzer (denen ich in dieser Hinsicht sehr vertraue, weil ich weiß, dass sie alles Zumutbare versuchen, um ein Tier zu retten) zusammen mit unserer Tierärztin im Notfall (z.B. Unfall) das Leben meiner Stute beenden dürfen, damit sie sich auf keinen Fall

unnötig quält, nur weil ich nicht zustimmen kann. Natürlich ist es dann schlimm, sich nicht verabschiedet zu haben, aber das wiegt weitaus weniger als das Wissen, ihr durch meine Abwesenheit evtl. Schmerzen zuzumuten.

Selbstverständlich möchte ich am liebsten am Tag X bei ihr sein, das ist keine Frage. Auch wenn ich weiß, dass es schrecklich sein wird, aber das bin ich ihr schuldig.

Ich habe mich für den Bolzenschuss entschieden, weil dann sichergestellt ist, dass sie direkt tot ist und die Möglichkeit gar nicht erst aufkommen kann, dass gegebenenfalls ein Mittel zum Einschläfern zu niedrig dosiert sein kann. Im Equidenpass ist auch festgelegt, dass sie bei niemandem auf dem Teller landet – das könnte ich nicht ertragen!

Was auch sehr wichtig für mich ist, ist zu wissen und zu sehen, dass sie dann wirklich tot ist und keine Gefahr besteht, dass sie halbtot von A nach B transportiert wird – das wäre mein schlimmster Albtraum!

Wann der Zeitpunkt gekommen ist, werde ich hoffentlich wissen, weil sie es mir dann mitteilt – wie sie mir jetzt auch so vieles mitteilt. Seit dem Kurs bei Dir verstehe ich sie auch viel besser, es läuft so vieles auf mentaler Ebene ab, wobei ich mir aber auch sicher bin, dass sie meine gesprochenen Worte versteht. Dafür gibt es einige Beispiele. Ich hoffe, dass ich ihre Mitteilung an mich auch am Tag X dann richtig verstehe und alles zu ihrem Besten veranlassen kann. Sie ist eine absolute Kämpfernatur, die kaum zeigt, wenn sie etwas hat. Aber in unseren gemeinsamen Jahren habe ich sie doch so gut kennengelernt, um zu spüren, wenn etwas nicht stimmt – auch wenn dann oft von anderen die erstaunte Frage kommt: „Wie hast Du das denn gemerkt?“ Leider stößt die Antwort: „Sie hat es mir gesagt/gezeigt“ nicht immer auf Verständnis, daher behalte ich das oft für mich und sage nur: „Es war anders als sonst.“

Daher hoffe ich, es dann auch zu wissen, wenn sie nicht mehr leben kann oder will. Durch die Tiko sind meine Sinne in dieser Hinsicht geschärft worden. Ich kann mir nicht so richtig vorstellen, wie es nach dem Tod weitergeht mit ihr – ich glaube allerdings, dass ihre Seele in irgendeiner Form weiterleben wird.
Ich wünsche nur jedem Tier, dass sein Besitzer sich mit dieser Frage auseinandersetzt, denn die Tiere leben nunmal kürzer als wir und manchmal kommt der Abschied plötzlich. Wir sind es ihnen schuldig – ein würdiges Ende!
Auch wenn das ein sehr schwieriges Thema ist, bin ich gespannt auf Dein Buch!"
Alles Liebe! Katrin Riedel, Solingen

„Ich habe vor vierzehn Jahren meine geliebte Traberstute Comtessa durch eine Kolik verloren. Sie wurde knapp zwölf Jahre alt. Ich war noch am Donnerstag mit dem Tierarzt bei ihr und habe sie bis spät in die Nacht bewegt um ihren Darm anzuregen. Sie ist dann in meinem Schoß eingeschlafen und ich musste nach Hause fahren. Am nächsten Tag wollte ich gleich nach der Arbeit zu ihr fahren, aber da war es schon zu spät! Sie ist am Vormittag gestorben. Wahrscheinlich ein Darmriss. Hätte ich am Vortag gewusst wie schlecht es um sie steht, hätte ich ihr die Leiden gerne erspart. Ich leide bis heute darunter und sitzte jetzt mit Tränen hier, um dir das zu schreiben. Am 22.12. vergangenen Jahres musste ich mich von meiner Hundedame Sindy verabschieden und als die Tierärztin gesagt hat, es geht nichts mehr, wir müssen sie einschläfern, bin ich zu ihr gefahren und hab die ganze Zeit ihren Kopf gehalten und mit ihr gekuschelt bis alles vorbei war. Ich hab mich von ihr verabschiedet und mich bei ihr für die tollen vierzehneinhalb Jahre bedankt – und sie auch freigegeben, dass sie in Ruhe gehen kann. Aber auch ihren Tod kann ich nicht richtig verkraften und muss immer weinen, wenn ich an sie denke. Nur weiß ich bei ihr, dass sie nicht leiden musste und ein sehr schönes Leben bei uns hatte.

Auch in Erinnerung an Comtessa war es mir sehr wichtig, Sindy auf ihrem letzten Weg zu begleiten und ich werde es auf jeden Fall bei meinen anderen Tieren auch tun. Sie hat sich noch so gefreut, mich zu sehen und ist bei mir auf dem Schoß gesessen weil sie nicht mehr gehen konnte. Ich hab ihr versprochen, dass gleich alles besser ist und sie selber auf den Tisch getragen und bis zum letzten Herzschlag gehalten. Ich hab sie so geliebt! Es tat gut, mir das jetzt einmal von der Seele zu schreiben.“

Liebe Grüße Margit Geisler aus Wien

Rendezvous mit Schlafes Bruder

„Möglicherweise ist ein Begräbnis unter Menschen, ein Hochzeitsfest unter Engeln." KHALIL GIBRAN

Er kommt als ungebetener Gast, als Überraschungsbesuch, herbeigesehnt als Freund, gefürchtet als Feind. Er hat viele Gesichter, sein schönstes hat ihm sicherlich Brad Pitt im Hollywoodfilm „Rendezvous mit Joe Black" geliehen ... Der Sensenmann, der Schnitter, Gevatter Tod, Freund Hein, Schlafes Bruder, der Boanlkramer, Hein Klapperbein. Wie er sich für uns zurechtgemacht hat, wissen wir erst, wenn er in unserer Tür steht.

Eins gilt für Mensch und Pferd gleichermaßen: Was wir nicht kennen, fürchten wir. Lernen wir den Tod also besser kennen, damit wir ihm den Schrecken nehmen. Bringen wir Licht ins Dunkel. Schauen wir gemeinsam hin.

Was ist der Tod?

Ende oder Übergang? Die philosophische Frage möchte ich hintenanstellen.

Klären wir erst einmal rein biologisch, was vor sich geht. Was geschieht, wenn jemand „abberufen" wird, „entschläft", „von uns geht", „dahinscheidet" oder „über die Regenbogenbrücke geht"? Hören wir auf, um den heißen Brei herumzureden: Nennen wir das Kind beim Namen.

„Der Tod *ist der dauerhafte und endgültige Verlust der für ein Lebewesen typischen und wesentlichen Lebensfunktionen"*, heißt es lapidar bei wikipedia und weiter steht da: *„Den Übergang vom Leben zum Tod bezeichnet das Sterben. (...) Das Sterben ist ein*

Prozess (...) Der Tod ist der Zustand eines Organismus nach der Beendigung des Lebens und nicht zu verwechseln mit dem Sterben und Nahtoderfahrungen, die ein Teil des Lebens sind. Im engeren Sinne unterscheidet man beim Eintritt des Todes einerseits konkret fassbare Ursachen, andererseits werden aus den jeweiligen Umständen des Todes einer Person abgeleitete, psychogene Faktoren diskutiert, die als Ursache des Todes in Erscheinung treten sollen. Zu den natürlichen Todesursachen zählen Krankheiten und das Versagen von Körperfunktionen, zu den nicht natürlichen Todesursachen rechnet man u.a. Unfälle, Verbrechen, Krieg, Vergiftungen oder Suizide.“
Aha.

Den exakten Zeitpunkt des Todes festzulegen, fällt schon schwerer. Auf Menschen bezogen hat sich in der Anwendung des deutschen Rechts der Gesamthirntod eingebürgert. Für unsere Tiere gilt in etwa das Gleiche.

Der Sterbeprozess – was passiert dabei im Körper?

Leben hört auf, wenn die wichtigsten Körperfunktionen zusammenbrechen: Wenn das Herz aufhört zu schlagen, die Atmung stillsteht, wenn die Nieren versagen, wenn der Kreislauf zusammenbricht, dann dauert es in der Regel nur noch wenige Minuten bis zu irreparablen Schäden des Gehirns, bis zum Hirntod. Messbare Hirnströme hat man bei einem Säugling allerdings auch schon drei Tage nach seinem klinischen Tod gefunden ...
Wann sind wir oder unsere Pferde also „wirklich tot“? Diese Frage beschäftigt uns seit Menschengedenken. Bevor unsere Messmethoden immer genauer wurden, musste man sich auf Verwesungsanzeichen – Aufdunsung, Geruch – verlassen. Ganze Generationen von Gruselgeschichten malten Albträu-

me von in der Gruft erwachenden Scheintoten, von lebendig Begrabenen oder in der Leichenhalle plötzlich hustend und schnaufend erwachenden „Verblichenen".
Nicht zuletzt aus diesem Grund hielt man früher drei Tage, manchmal sogar eine Woche lang die Totenwache: Man wollte sicher sein. Man nahm sich damit aber auch Zeit für seinen eigenen Abschied vom Verstorbenen. Und man ließ gleichermaßen der Seele Zeit, sich zu verabschieden. Es fällt leichter eine leere, sinnlos gewordene Körperhülle der Erde oder dem Feuer zu übergeben, als ein noch warmes, scheinbar schlafendes Lebewesen. Für unsere Trauerarbeit ist das Wahrnehmen dieser Verwandlung, vom beseelten frisch Verstorbenen zum leeren Körper, dessen Seele sich abgelöst hat, ein wichtiger Schritt und eine enorme Chance, aber dazu komme ich noch später im Buch.

Mangels Erfahrung im Kontakt mit Toten meinen wir manchmal noch Lebenszeichen zu sehen, wo keine mehr sind. Dies sind dann keine optischen Täuschungen, sondern normale körperliche Reaktionen.
Oft sind wir irritiert, wenn wir nach Eintreten des Todes noch Bewegungen sehen, wo eigentlich keine mehr sein „dürften", weil das Herz bereits zu schlagen aufgehört hat, die Atmung stillsteht.

- Das Rest-ATP (Adenosintriphosphat – der Energieträger aller Zellen) wird von den Zellen verbraucht, dadurch hält die Darmperestaltik noch etwas an, es kann noch zu Muskelbewegungen und Zuckungen kommen.
- Wenn die Muskelspannung nachlässt, kann es zu Urin- oder Darmentleerungen kommen.
- Auch die Tränenkanäle können sich durch die Entspannung leeren, es sieht so aus, als ob das Pferd weint.
- Restluft kann unter Umständen auch von Geräuschen be-

gleitet aus der Lunge oder dem Darm entweichen, was wie ein Seufzen oder Stöhnen klingen kann.

- Haare und Nägel, sogar die Hufe beim Pferd wachsen noch eine Weile weiter.

Babylon und Marion

„Mein Pferd Babylon ist ein mittlerweile 26-jähriger Wallach, den ich vor zehn Jahren in einem Reitverein kennengelernt habe. Ich habe erst als ich schon erwachsen war zu reiten begonnen und war dementsprechend nicht mehr so unbedarft, wie wenn man diesen Sport als Kind erlernt.
Nach meiner Zeit an der Longe durfte ich auf ihm das erste Mal frei reiten und wäre das nicht der Fall gewesen, hätte ich wohl bereits zu diesem Zeitpunkt meinen neuen Sport auch schon wieder beendet. Aus einem Bauchgefühl heraus habe ich ihm bedingungslos vertraut und ich verdanke ihm viele entspannte Ausritte, bei denen er vermutlich um einiges besser gewusst hat, was zu tun war, als ich. Es ist ein wunderbares Gefühl, von jemandem getragen zu werden, dem man vollkommen vertrauen kann!
Als er dann für den Schulbetrieb zu alt geworden ist, war längst klar, dass er „mein“ Pferd ist.
Ich habe ihn gekauft und er verbringt jetzt (mit der finanziellen Unterstützung einiger der damaligen Mitreiter) seinen Lebensabend auf einer Pensionskoppel in einer Gruppe mit anderen Pferden. Jetzt sorge ich für ihn und kann mich ein bisschen für seine damalige Mühe mit mir revanchieren. Natürlich fürchte ich schon den Zeitpunkt, wo ich ihn „verlieren“ werde …
Seit dem Sekundenherztod meiner Schwester (sie war erst 33 Jahre alt!) beschäftigen mich die Themen Tod, Sterben und Abschied nehmen immer wieder. Einige Monate nach diesem traumatischen Ereignis durfte ich unseren Hund, mit dem wir immerhin fast 15 Jahre unseres Lebens teilten, beim Sterben begleiten. Er starb

ganz friedlich zu Hause und tat seinen letzten Atemzug in meinen Armen. Das hat mich dazu gebracht, diese „Reise“ wieder mit anderen Augen zu sehen.

Ich glaube, dass wir besonders den alten Tieren viel mehr Aufmerksamkeit schenken sollten. Sie sind sehr weise und wir können viel von ihnen lernen. Natürlich ist es auch traurig, wenn man einen solchen treuen Freund verliert, aber man sollte nicht schon vor dem Tod um sie trauern und sich somit selbst um diese wertvolle Zeit bringen.

Lesen Sie doch das Protokoll des Gespräches zwischen meinem Pferd und Karin und erfreuen Sie sich an der Weisheit eines „Oldies“!

Anmerkung: Bevor ich Karin um dieses Gespräch mit Babylon gebeten habe, hatte ich schon ein paar Tage das Gefühl, er möchte unbedingt mit IHR „reden“, was sich ja dann auch als wahr herausgestellt hat. Auch dass er Karin mitgeteilt hat, dass ich an diesem Tag bei ihm war, hat mich sehr beeindruckt! Und schließlich sein rührendes Kompliment: Ich darf ich sein bei ihr. Das ist das allerschönste!

Was will man da noch mehr :-) Marion Hawel, Wien

 Babylon

Wallach, 26 Jahre alt

Tierkommunikationsprotokoll vom 2. Juli 2007

„Es ist toll, wenn sie kommt und mir den Tee mitbringt/kocht. (Bild von einer roten oder blauen Thermoskanne?) Ich liebe Schafgarbe. Es stützt meine Leber und Niere. Kann auch so übers Futter, ist auch manchmal im Heu. Aber es tut so gut, dass sie sogar für mich kocht.

Ja, wir sind uns näher gekommen, es tritt auch mehr Ruhe ein in meiner Seele. Sie kann gut mit mir kommunizieren, sie muss nur runterschalten, hier ankommen und öfter da sein. Die beiden

Frauen verstehen sich auch gut. Tut gut. Ist schön, wenn sie das Kind auf dem Arm hat.
Ich bin manchmal müde, werde alt. Mir geht es wie deinem Porky (der fühlt sich auch gerade sehr alt und müde, fühle ich).
Für uns ist schon Herbst, aber mit sehr schönen Tagen, wir genießen die morgendliche Kühle, das Schwüle, Feuchtwarme, liegt uns nicht mehr so. Geht auf Lunge und Niere und Kreislauf. Schmerz. Wir leben damit, es ist so, älter zu werden, ihr sorgt gut für uns. Mehr geht nicht. Wir können und wollen die Zeit ja gar nicht zurückdrehen. Alles hat seine Zeit gehabt.
Sie soll sich mehr zutrauen, alles ist gut. Meine Zähne noch mal überprüfen. Da ist ein Zusammenhang zum Schmerz. Ansonsten kommt es auch vom Hinlegen und Wälzen. Geht grade nicht so gut. Komm später wieder.

…

Ja, sie war da. Da kann ich doch nicht. Schön, wenn sie mich krault, mit mir spricht. Das Anspruchslose, bedingungslose ist jetzt mehr und mehr da. Schön. Wir haben Kontakt. Ich liebe Gras und Grünes. Das ist das Schöne am Sommer. Weide und Gesellschaft. Im Winter kommen sie nicht so oft, nicht so viele. Ist eine Zeit zur Einkehr und zum Nachdenken. Du hast auch ein altes Pferd. Das ist gut so. Umstellen.
Ja, mein Huf. Da war so etwas, was sich entzündet hatte, ist jetzt auf. Frauchen soll es noch ein wenig nachbetreuen, aber da ist jetzt soweit alles gut. Zähne nachschauen, auch orthopädisch. Das wäre gut. Sie soll da sein. Viel da sein, lange da sein, wir lernen voneinander. (Er hat so einen verschmitzten Unterton dabei. Anmerkung der Autorin)
Tee kochen zum Beispiel. Sie ist wichtig für mich. Bild einer blauweiß karierten (Tisch)decke.
Sie geht ihren Weg, Frauchen. Das ist ein gutes Gefühl.
Das Klima hier ist gut für uns.

Ich wollte dich auch wegen deinem alten Pferd sprechen. So können wir beide kommunizieren. Ich kann von ihm lernen. (Das ist mir auch noch nicht passiert. Anmerkung der Autorin) *Und weil du aufhörst* (ich hatte damals vor, überwiegend auf Praxisbesuche umzustellen. Anmerkung der Autorin)
Und natürlich vor allem wegen Frauchen. Sie soll sich mehr zutrauen. Auch mir vertrauen. Ich weiß doch, was ich tue. Hab das Geschwür aufgeschlagen.
Sie ist schon viel weiter gegangen auf diesem Weg. Stellt so viele Fragen. Soll auf ihr Gefühl vertrauen, lernen, zwischen den Worten zu lesen, zu hören.
Ich genieße die frische Luft hier oben und meine Freunde. Wir sind zusammengewachsen, ich bin so glücklich und dankbar, dass ich hier sein darf, genießen, leben. Freiheit, ungezwungen. Ich darf ich sein bei ihr. Das ist das Allerschönste.
Frische Möhren möchte ich jetzt wieder.
Alles ist gut. Das möchte ich ihr sagen. Das ist alles. Friede. Und wenn es irgendwann ans Sterben geht – wir sind bereit.“

Gedanken zum Tod

„Da Hrappur mein erstes Pferd ist, musste ich persönlich noch nicht die Entscheidung über Leben und Tod treffen. Ehrlich gesagt kann ich mir nicht vorstellen, wie es ist, wenn er mal nicht mehr da sein sollte: mir zubrummelt oder auch wiehert, wenn ich ihm im Stall entgegenkomme; mich versucht auszutricksen und zu testen; mich manchmal mit seinen ängstlichen Reaktionen in den Wahnsinn treibt; mich zum Lachen bringt und mich immer wieder fordert. Natürlich weiß ich, dass kein Lebewesen ewig lebt und dass Hrappur im Zweifel vor mir gehen wird. Und das ist auch gut so. Denn noch viel weniger könnte ich ertragen, nicht zu wissen was nach meinem Tod aus ihm wird. Solange es meinem Mann möglich wäre, würde er ihn behalten und ihm ein schönes Leben, auch

ohne mich, ermöglichen – so haben wir es vereinbart, auch wenn er eigentlich keinen richtigen Bezug zu Pferden hat. Auch wenn es blauäugig ist, würde ich mir natürlich wünschen, dass mein Pony nachts auf der Wiese einfach nicht mehr aufwacht. Für den Fall, dass es anders sein sollte wünsche ich mir, dass ich bereit bin, den richtigen Zeitpunkt zu erkennen und seinen Hinweisen zu vertrauen. In unseren gedanklichen Gesprächen habe ich ihm versprochen, ihn wenn möglich auf seinem letzten Weg zu begleiten. Dennoch ist das letzte was ich möchte, ihn unnötig lange leiden zu lassen. Deshalb haben für den Fall, dass ihm etwas passiert, wenn ich vielleicht nicht erreichbar bin, vertraute Personen meinen Segen bzw. die Vollmacht, die richtige vielleicht letzte Entscheidung zu treffen. Auch wenn das bedeutet, dass ich mein Versprechen breche und nicht bei ihm bin. Der Frage ob Bolzenschuss oder Spritze sehe ich zwiegespalten entgegen. Emotional widerstrebt es mir zu sehen, wie jemand den Bolzen ansetzt und mein Tier regelrecht umbringt. Da erscheint mir die Spritze die menschlich gesehen humanere Methode, auch wenn ich die Gefahr der „zu geringen Dosis“ sehe. Obwohl ich real noch nie dabei war, ist es einfacher mir vorzustellen, wie mein Pony – den Kopf auf meinem Schoß – die Beruhigungsspritze bzw. die Injektion bekommt und friedlich einschläft. Auch wenn das eine sehr mädchenhafte, blumige Vorstellung ist. Im Extremfall würde ich die Entscheidung mit dem Tierarzt zusammen treffen.

Auch wenn ich fest daran glaube, dass die Seele in irgendeiner Form weiterlebt und der Körper nach dem Tod nur noch eine „leere Hülle“ darstellt, kann ich mir überhaupt nicht vorstellen, dass mein Pferd als Futter auf irgendeinem Teller landet. Zumal ich selbst absoluter Vegetarier bin. Ebenso wenig soll er sich überspitzt gesagt als Seife in einem Badezimmerschrank wieder finden. Als im vorletzten Jahr unser Hund nach einem Krebsleiden eingeschläfert werden musste, haben wir in einäschern lassen und die Asche in einer Urne in unserem Garten vergraben. Dass er so zumindest emotional bei uns sein konnte, und vor allem zu wissen, was mit ihm passiert ist, hat gerade meiner Mutter sehr geholfen. Vielleicht würde ich mich auch bei Hrappur dafür entscheiden. Wobei es bei einem so großen Lebewesen sicher nicht rational wäre.

Da Hrappur erst zwölf Jahre alt wird, hoffe ich, dass mir die Entscheidung nach dem Zeitpunkt bzw. dem weiteren Weg noch lange Jahre erspart bleibt. Und mir dann – wenn es soweit ist – genügend Stärke und Kraft gegeben wird, das Richtige zu tun."

Kristin Dehen, Solingen

Quantenphysik und Philosophie

„Gott ist tot!“ – Nietzsche. „Nietzsche ist tot!“ – Gott.

SPONTISPRUCH

Im Prinzip gibt es vier philosophische Grundhaltungen, wie wir in der Konsequenz mit dem Thema Tod umgehen.

1. *Der Tod ist das endgültige Ende der körperlich-organischen und der aktiven, physisch feststellbaren geistigen Existenz eines Lebewesens (z.B. Ganztodtheorie).*
2. *Der Tod ist nur eine Phase, die schließlich zu einem neuen individuellen Leben führt (Wiederverkörperung durch Reinkarnation).*
3. *Der Tod ist der unumkehrbare Übergang in einen anderen Seinszustand (Weiterleben in einem Totenreich, Auferstehung, Unsterblichkeit).*
4. *Leben und Tod sind indifferent (in einigen mystischen Richtungen, z.B. im Zen).*

(Quelle: wikipedia)

In einem mechanistischen Weltbild, in dem ein Körper als Maschine gesehen wird, hat so etwas wie eine unsterbliche Seele, weil schwer lokalisierbar, keinen Platz. Wir finden sie bei keiner Obduktion, ebenso wenig wie Meridiane oder Chakren. Doch gibt es nur das, was wir mit eigenen Augen sehen? Religion und Philosophie machen sich zunftgemäß Gedanken über das Nicht-Sichtbare, darüber, ob und wie es weiter geht ...

Doch unsere Messinstrumente und Methoden werden immer genauer. Inzwischen sorgt die Quantenphysik mit neuen

Erkenntnissen einmal mehr für Furore und schlägt eine Brücke zwischen Wissenschaft und Religion.

Das quantenphysikalische Verschränkungsprinzip

Wie Dr. Rolf Froböse in seinem Buch „Die geheime Physik des Zufalls; Quantenphänomene und Schicksal" schreibt, lassen diese Ergebnisse darauf schließen, dass es *„eine physikalisch beschreibbare Seele gibt, die im „Jenseits" weiter existiert."*
Rolf Froböse darin weiter: *„Das Fundament für die revolutionäre These liefert das quantenphysikalische Phänomen der Verschränkung. Bereits Albert Einstein ist auf diesen seltsamen Effekt gestoßen, hat ihn aber als „spukhafte Fernwirkung" später zu den Akten gelegt. Erst vor kurzem hat der Wiener Quantenphysiker Professor Anton Zeilinger den experimentellen Nachweis dafür geliefert, dass dieser Effekt in der Realität tatsächlich existiert.*
Haben wir es mit übernatürlichen Phänomenen zu tun?
Das Verschränkungsprinzip besagt folgendes: Wenn zwei Quantensysteme miteinander in Wechselwirkung treten, müssen diese fortan als ein Gesamtsystem betrachtet werden. Diese Verschränkung bleibt auch dann erhalten, wenn der Zeitpunkt der Wechselwirkung weit in der Vergangenheit liegt und die zwei Teilsysteme inzwischen über große Distanzen getrennt sind. Die Folgen dieses Effekts erinnern bereits an übernatürliche Phänomene, wie ein Gedankenexperiment zeigt.
Bei diesem führt ein Experimentator an einem x-beliebigen Ort der Erde eine Messung an einem Teilchen A durch. Ist dieses Teilchen mit einem anderen Teilchen B verschränkt, so wird Letzteres durch diese Messung simultan beeinflusst. Dabei ist es völlig egal, ob die Entfernung zwischen Teilchen A und B beispielsweise 100 Meter, 1000 Kilometer oder gar Lichtjahre beträgt. Und wie gesagt erfolgt die Beeinflussung gleichzeitig, nicht etwa mit Lichtgeschwindigkeit, sondern unendlich schnell! Einige Physiker schließen nun-

mehr daraus, dass zumindest Teile der belebten und unbelebten Welt miteinander verschränkt sind und auf subtile Weise miteinander kommunizieren. Als Auslöser für die Verschränkung wird der Urknall genannt.

Ein Quantencode, der sich über den gesamten Kosmos erstreckt

Professor Dr. Hans-Peter Dürr, ehemaliger Leiter des Max-Planck-Instituts für Physik in München, vertritt heute die Auffassung, dass der Dualismus kleinster Teilchen nicht auf die subatomare Welt beschränkt, sondern vielmehr allgegenwärtig ist. Mit anderen Worten: Der Dualismus zwischen Körper und Seele ist für ihn ebenso real wie der „Welle-Korpuskel-Dualismus" kleinster Teilchen. Seiner Auffassung nach existiert ein universeller Quantencode, in den die lebende und tote Materie eingebunden sind. Dieser Quantencode soll sich über den gesamten Kosmos erstrecken.
Konsequenterweise glaubt Dürr aus rein physikalischen Erwägungen an eine Existenz nach dem Tode. In einem Interview erläuterte er dies wie folgt: „Was wir Diesseits nennen, ist im Grunde die Schlacke, die Materie, also das was greifbar ist. Das Jenseits ist alles Übrige, die umfassende Wirklichkeit, das viel Größere. Das, worin das Diesseits eingebettet ist. Insofern ist auch unser gegenwärtiges Leben bereits vom Jenseits umfangen."
Auch Dr. Christian Hellweg ist von dem Quantenzustand des Geistes überzeugt. Der Wissenschaftler hat sich nach dem Abschluss seines Physik- und Medizinstudiums am Max-Planck-Institut für biophysikalische Chemie in Göttingen jahrelang mit der wissenschaftlichen Erforschung der Hirnfunktionen beschäftigt. Seine These bringt er wie folgt auf den Punkt:
„Unsere Gedanken, unser Wille, Bewusstsein und Empfindungen weisen Eigenschaften auf, die als Merkmale des Geistigen bezeichnet werden können. Geistiges lässt keine direkte Wechselwirkung

mit den bekannten naturwissenschaftlichen Grundkräften – wie Gravitation, elektromagnetischen Kräften etc. – erkennen. Auf der anderen Seite aber entsprechen diese Eigenschaften des Geistigen haargenau denjenigen Charakteristika, die die äußerst rätselhaften und wunderlichen Erscheinungen der Quantenwelt auszeichnen."

Ähnlich sieht es der berühmte amerikanische Physiker und Nobelpreisträger John Archibald Wheeler: „Viele Physiker hofften, dass die Welt in gewissem Sinne doch klassisch sei – jedenfalls frei von Kuriositäten wie großen Objekten an zwei Orten zugleich. Doch solche Hoffnungen wurden durch eine Serie neuer Experimente zunichte gemacht."

Auszug aus „Die geheime Physik des Zufalls. Quantenphänomene und Schicksal" mit freundlicher Genehmigung des Autors.

Wir erschaffen unsere Wirklichkeit in jeder Sekunde neu. Wo das Bewusstsein, wo unsere Vorstellungskraft nicht hinterher kommt, versagen ganz konkret unsere Sinne. Was wir uns nicht vorstellen können, nehmen wir nicht wahr. In wissenschaftlichen Experimenten hat man nachzustellen versucht, was aus der Zeit von Kolumbus überliefert ist: Die Indianer konnten die ersten Schiffe der Spanier buchstäblich nicht sehen, weil sie etwas Derartiges nicht kannten. Erst nachdem sich ihre Schamanen in Trance versenkt hatten und so ihr Bewusstsein erweitert hatten, wurde ihnen dies möglich. Befragt, was ein Indio in der Großstadt New York wahrgenommen hatte, antwortete er: Fleisch. Es war das einzige, was er kannte, das einzige, das er zuordnen und wahrnehmen konnte ...

Vielleicht sehen wir all die Dinge und Wesen zwischen Himmel und Erde nur deshalb nicht, weil wir uns ihre Existenz nicht mehr vorstellen können?

All diese Dinge sind nicht nur Spiegel unserer Zeit, sondern auch unseres kulturellen Kontextes. In Island gibt es eine Elfenbeauftragte, die mehr oder weniger offiziell vor Bauvorhaben und bei Straßenplanungen zu Rate gezogen wird. In Irland und Schottland ist das „Kleine Volk" omnipräsent. In Deutschland wäre das schwer denkbar.

Auch dass Zeit linear verläuft, ist letztlich Illusion und vereinfachendes Denkkonstrukt des Menschen. Alles ist gleichzeitig, sagen Quantenphysiker. Realität entsteht in unserem Bewusstsein. Vielleicht ist auch alles „gleichräumlich" und selbst unsere Dimensionen sind nur der Versuch, in Bildern von einer Wahrheit zu sprechen, die wir einfach nicht in Worte fassen können, weil sie im Wortsinn *allumfassend* ist? Ist es das, was Philosophen und spirituelle Lehrer meinen, wenn sie sagen: Wir sind sowohl Teil der Quelle, Teil des Alles-was-ist, als auch die Quelle, eben Alles-was-ist selbst? In Tierkommunikationen scheint diese Sichtweise immer wieder durch.

Woran auch immer wir glauben – wenn dieser Glaube im Kern beinhaltet, dass *etwas* weitergeht, dass Energie nur ihre Form verändert, aber nicht einfach ausgelöscht wird oder verloren geht – wird es uns helfen im Vorbereitungsprozess auf unseren eigenen Tod, und den unserer Lieben.

Wenn wir Sterben und Tod als Übergang und nicht als Ende allen Seins begreifen, können wir leichter damit umgehen.

Dann erkennen wir, dass es letztlich unser Ego ist, das zurückbleibend Schmerz empfindet. Die Frage ist schlussendlich einzig. Womit identifizieren wir uns? Mit unserem Körper, oder mit Seele und Geist? Eckhart Tolle schreibt dazu in seinem Buch „Eine neue Erde": *„Welch eine Befreiung, sich darüber klar zu werden, dass die ‚Stimme im Kopf' gar nicht ich bin! Wer bin ich dann? Der, der dieses erkennt. Die Bewusstheit, die dem Denken vorausgeht, der Raum, in dem das Denken – beziehungsweise die Emotion oder Sinneswahrnehmung – auftritt.*

Das Ego ist nichts weiter als die Identifikation mit der Form, und zwar in erster Linie mit Form im Sinne von Gedankenformen. (...) Durch diese Identifikation sind wir blind für unsere Verbundenheit mit dem Ganzen, für unser essenzielles Einssein mit allem ‚Anderen', und mit dem Ursprung (...) Und wenn diese eingebildete Getrenntheit alles, was wir denken, sagen und tun, beeinflusst und regiert, was für eine Welt erschaffen wir dann? Um darauf eine Antwort zu finden, brauchen wir bloß einmal darauf zu achten, wie die Menschen miteinander umgehen, oder ein Geschichtsbuch zu lesen oder die Tagesnachrichten im Fernsehen anzuschauen.“

Albert Einstein bezeichnete unser Ego, dieses trügerische Identitätsgefühl als „optische Täuschung des Bewusstseins“. Mit ihm als Grundlage interpretieren wir unsere Wirklichkeit, machen es zur Basis unseres Denkens und Handelns. Dazu Eckhart Tolle weiter: *„Wenn du die Illusion als Illusion erkennst, löst sie sich auf. Die Erkenntnis der Illusion ist zugleich ihr Ende. Ihr Fortbestand hängt davon ab, ob du sie für Wirklichkeit hältst (...) Die Egoidentifikation mit Dingen bewirkt ein Hängen an den Dingen, ein Besessensein von den Dingen, das seinerseits wieder unsere Konsumgesellschaft und die Wirtschaftsstrukturen begründet, wo das einzige Maß für den Fortschritt das* Mehr *ist. (...) Eine der unbewussten Annahmen, von denen wir ausgehen, ist die, dass sich durch die Identifikation mit einem Objekt und dessen fiktive Inbesitznahme die scheinbare Festigkeit und Beständigkeit des betreffenden Gegenstandes auch dem eigenen Selbstgefühl mitteilt und ihm mehr Festigkeit und Dauer verleiht. (..) Das Ego neigt dazu, Haben und Sein zu verwechseln. (...) Wenn du von einem schweren Verlust betroffen bist, wehrst du dich dagegen, oder du fügst dich. Manche Menschen werden dann bitter oder sind voller Groll, während andere Mitgefühl, Weisheit und Liebe entwickeln. Sich fügen heißt, das, was ist, innerlich anzunehmen. Du bist offen für das Leben. Widerstand ist ein inneres Sich-Verkrampfen, durch* *ihn wird die Schale des Ego noch härter. Du bist verschlossen. Was immer du aus diesem inneren Widerstand (den wir auch Negativität nennen) heraus tust, schafft außen noch mehr Widerstand, und dann ist das Universum nicht auf deiner Seite und das Leben keine Hilfe für dich. Wenn die Fensterläden zu sind, kann kein Licht eindringen. Wenn du dich hingegen innerlich fügst, wenn du dich ergibst, eröffnet sich eine neue Bewusstseinsdimension. Sollte Handeln angesagt oder nötig sein, geschieht es im Einklang mit dem Ganzen und getragen von schöpferischer Intelligenz, von jenem unkonditionierten Bewusstsein, mit dem du im Zustand innerer Offenheit eins wirst. Dann sind die Umstände und Mitmenschen kooperativ und helfen dir weiter. Koinzidenzen ergeben sich. Wenn nichts getan werden kann, ruhst du in dem Frieden und der inneren Stille, die mit der Unterwerfung einhergehen. Du ruhst in Gott.“*

Wie wir also mit der Sterblichkeit unserer Pferde und mit unserer eigenen Sterblichkeit klarkommen, wie wir Sterben und Tod in unserem Umfeld verarbeiten und wie wir es bewältigen, hat im Wesentlichen mit unserer Einstellung zu tun, mit der Weltanschauung, mit den Werten, von denen wir geprägt sind. Wenn uns klar wird, dass *wir* unser Leben selbst in der Hand haben, dass *wir* die Verantwortung dafür tragen, dass wir es gestalten und verändern können durch jede Entscheidung, die wir treffen, dann können wir uns aus unserer Schreckstarre und unseren Verhaltensweisen und Glaubensmustern lösen, die uns nicht mehr zuträglich sind.

In fast allen Kulturen außerhalb Europas hat man ein wesentlich unverkrampfteres Umgehen mit Sterben und Tod.

Hierzulande haben wir Tod als Zeichen von Schwäche, von Versagen, Einbüßen von Funktionalität „gelernt“. Wir leben in einer Plastikwelt, einer Wegwerfgesellschaft des schönen Scheins, die extrem materiell und „jugend“orientiert ist – und

deren Sinnentleertheit sich in ihrem Umgang mit Leben und dem Begriff des Lebenswerten spiegelt. Seien es Tiere – oder wir selbst. **Der Umgang mit dem Tod unserer Pferde ist in vielerlei Hinsicht ein Spiegel für uns selbst, für unsere Gesellschaft und Kultur.**
Ist der Anblick von kranken, alten Menschen zumutbar? Faltige Haut in einem Bikini oder der öffentlichen Sauna? Muss das sein? Darf das sein? Wir vergreisen, wir überaltern – und wir schieben weg. Und in all dieser Machtlosigkeit und Ohnmacht, gegenüber dem Unausweichlichen, wollen wir wenigstens die Illusion von Macht nicht aus der Hand geben: Wir sind die Entscheider. Wir bestimmen den Zeitpunkt und die Art des Todes.
Auf der anderen Seite haben wir die Gegenbewegung: Wir leben in einer Zeit des Umbruchs. Weg von diesem mechanistischen, hin zu einem ganzheitlichen Weltbild. Das Ganze ist also mehr als die Summe seiner Teile. Nichts ist wirklich eindimensional linear, nichts geht verloren. Aha, und was lehrt uns das?
Das können wir von unseren Tieren lernen. Sie sind Teil der Natur und begreifen sich selbst als Teil eines Kreislaufs: Leben und Sterben als Zyklus wie die Jahreszeiten. Quantenphysik und Forschung überholen fast tagtäglich unsere Glaubenssätze, dass etwas, das wir nicht sehen können, nicht existiert. Wir lassen uns eines Besseren belehren. Strahlen, Schwingungen, Fluss ... das ist moderne Quantenphysik.
Erinnern wir uns an die Sichtweise vieler Naturvölker und unserer eigenen Vergangenheit: Die Zyklen der Natur, das Geborenwerden, Reifen, Vergehen und die ewige Wiederholung dieses Kreislaufs ziehen sich durch alle frühen Religionen, durch das Matriarchat – und letztlich auch in mehr oder weniger veränderter Form durch viele Weltreligionen. So schließen sich die Kreise.

Mein alter Trakehner Porky brachte vor vielen Jahren eine Seminarteilnehmerin zum Weinen, die mir übermittelte, er werde sicher bald sterben. Wie erstaunt war die junge Frau, als ich bei dieser Eröffnung lächelte. Was ist Zeit? Was heißt „bald"? Zeit ist so was von relativ. Mir teilte mein Pferd damals mit, es sei für die junge Frau wichtig gewesen, sich dem Thema emotional anzunähern. Es habe mit ihrer Geschichte zu tun, etwas in ihr werde durch die Konfrontation mit dem Thema arbeiten und mehr müsse ich nicht wissen. Punkt.
Seit einigen Jahren biete ich Einzelgespräche und auch Seminare zum Thema Trauerarbeit an. In einem dieser Kurse übermittelte Porky das Folgende auf die Frage, was für ihn der Tod bedeute:

Porky im Trauerkurs in Zürich, Sommer 2006

„Hallo, ich bin da. Da bin ich. Ich liebe die Freiheit, wo immer sie ist. Ich höre gerne zu und lerne gerne. Ich bin sehr glücklich. Mein Körper fühlt sich sehr warm an. Der Tod ist eine wunderschöne Blume, die wächst und in seiner Farbe leuchtet. Sie leuchtet wie das Licht. Ich leuchte auch. Ich kann Dir noch sehr viel davon erzählen. Das finde ich lustig. Die Freiheit ist das Licht und das Licht ist das Jetzt. Ich möchte noch sagen, dass ich nicht frech, sondern schlau bin, und dass ich Karin ganz fest an mich drücke; das tue ich IMMER."

Aufgezeichnet von Patricia Kunz aus Steinmaur, Schweiz

Sunnys Erklärungen

Sunny teilte im selben Kurs in Zürich auf die Frage „Was ist Sterben?" einer anderen Teilnehmerin mit:
„Das weißt du doch, alle wissen das, eigentlich. Ist so. Das kann man nicht im Kopf herleiten. Es ist, Punkt. Alle gehen wir da

durch, wie durch eine Tür oder ein Tor, und danach geht's weiter, immer weiter, bis zur nächsten Tür oder zum nächsten Tor."

▸ Und wenn mich der Gedanke daran einengt?

„Dann mach dir Luft, nicht durch Gedanken, du weißt ja, dass die einengen können, sondern weiter unten, durch die Brust und durch den Bauch. Nimm dir allen Platz, den du brauchst, das passt dann."

▸ Und wenn das Herz eng wird?

„Dann löse die Schnüre, die es einengen und du wirst sehen: es sind wieder Gedanken, die das tun, oft nicht die deinen, sondern die der andern."

▸ Kann man Menschen helfen, die Angst vor dem Tod haben?

„Das können Tiere, denn die Menschen haben Angst davor: deshalb können sie einander so schlecht helfen. Die Menschen müssen das so machen:

Nimm deine Trauer oder deine Angst mit.

Geh damit zu einem erfahrenen Tier und überlass dein Herz einfach dem Tier.

Das Tierherz wird dann das Menschenherz heilen, mit tierischem Wissen, das nur wir Tiere haben.

Lass dann dieses tierische Wissen von deinem Herzen aus in den ganzen Körper fließen wie das Blut und atme gut.

Du wirst spüren, dass sich mehr und mehr die Trauer leichter anfühlt und Farben bekommt und du wirst spüren, dass die Angst der Zuversicht weicht.

Versuch nicht zu verstehen, sondern lasse diesen Prozess einfach zu und vertrau darauf, denn du weißt: Gedanken können schnüren.

Wir Tiere warten gern auf euch Menschen, komm dann einfach wieder, wenn du's brauchst."

Vorbereitung ist alles – Sterben aus energetischer Sicht

„Der Tod ist ganz einfach das Heraustreten aus dem physischen Körper, und zwar in gleicher Weise, wie ein Schmetterling aus seinem Kokon heraustritt.“ ANONYME QUELLE

Ein schönes Bild – der Schmetterling und sein Kokon, irgendwie tröstlich. Doch wussten Sie auch, dass dieser Vorgang für den Schmetterling mit sehr viel Arbeit verbunden ist? Und was passiert, wenn wir ihm in falscher Weise zu helfen versuchen?
Er muss sich in stundenlanger Arbeit durch eine winzige Öffnung im Kokon schieben. Dadurch pumpt er Flüssigkeit vom Körper in die Flügel. So bekommt er die Spannkraft, die ihm das Fliegen ermöglicht. Wenn wir ihn einfach aus dem Kokon herausschneiden würden, blieben seine Flügel verklebt und schrumpelig, er könnte nicht fliegen ...
Wir sollten uns also gut überlegen, ob wir genug wissen, um den richtigen Augenblick für unsere Hilfe zu erkennen – oder ob sie überhaupt gefragt ist.

Wir alle sind sterblich. Lassen wir das philosophische „Warum?“ beiseite, so stellen wir rein biologisch fest: Der Körper versagt uns, Mensch wie Pferd, seinen Dienst letztlich aus einem von drei Gründen:

- **Altersschwäche**
- **Krankheit**
- **Trauma (Unfall, Gewalteinwirkung)**

Nach allem, was wir wissen und erfahren haben, scheint für einen guten Übergang aber wichtig zu sein, dass wir irgendwie vorbereitet sind. Nicht nur für den Hinterbleibenden (Achtung, Egofalle! Wir wollen den Sterbenden ins Zentrum unserer Aufmerksamkeit rücken, für unsere Trauerarbeit haben wir zur rechten Zeit (d.h. später) Raum genug!), besonders für den Sterbenden ist diese Vorbereitung wichtig. Wir sind es unseren Pferden schuldig, dass wir sie nicht unvermittelt, blitzkriegartig überrumpeln, dass wir ihnen und ihren Freunden Zeit zum Abschied nehmen geben. **Vorbereitung für Mensch und Tier.**

Leo, ein Kaltblut-Ponymix, von dem später noch die Rede sein wird, erzählte mir und Tierdolmetscherkolleginnen in Protokollen immer wieder, er werde gehen, wenn die Blätter von den Bäumen fallen, im Herbst. Oder er würde noch ein Weilchen bleiben. Und genauso hielt er es auch, einige Jahre lang, bis es dann wirklich Zeit für ihn wurde.

Unsere Tiere bereiten sich (und ihre Menschen) vor, Sterben findet – unter normalen Umständen – in energetischen Phasen statt.

Was aber geschieht, wenn diese Sterbephasen übersprungen werden (Euthanasie) oder komplett ausfallen (Unfall, Schock, Trauma)?

Wenn ein Pferd in freier Wildbahn stirbt, kann der Tod plötzlich sein, trotzdem kommt er so gut wie nie unvermittelt. Wenn ein Pferd Opfer eines Raubtieres wird, war es in der Regel vorher schon krank und schwach, wurde vielleicht sogar von der Herde ausgestoßen oder hat sich selbst zum Sterben zurückgezogen – oder es war als Jungtier noch gar nicht ganz da.

Es war in gewisser Weise vorbereitet, so seltsam das vielleicht auf den ersten Blick klingen mag.

Der Mensch hat perfide Tötungsstrategien und Waffen entwickelt, die nicht länger eine natürliche Auslese zugrunde legten. Sei es, dass er in der Steinzeit ganze Pferdegruppen in den Abgrund jagte, oder mit Pfeil und Bogen, Speer und Feuerwaffen auch die stärksten und gesündesten Pferde erlegen konnte.

Naturvölker spürten, dass hier eine Art Bruch der natürlichen Gesetze stattfand. Sie strebten eine Versöhnung mit dem Geist der Natur und dem erlegten Wildtier an. So brachten sie Opfer dar, baten Gottheiten um Jagdglück, die Tierseele um Segen und Verzeihung, boten ihr Dank, Respekt und Achtung. Einesteils sicher ganz profan aus Angst vor der Rache einer erzürnten Seele, andernteils aus dem Gefühl heraus, einer tiefen Weisheit, dass das Nehmen von Leben – egal aus was für Gründen – immer nach Ausgleich, nach Versöhnung verlangt. Zu töten, tötet immer auch einen Teil im Jäger. Dabei geht es nicht um „Schuld" in unserem bewertenden Verständnis von Gut und Böse. Es geht einzig um die Erkenntnis, das alles, was wir tun eine Konsequenz hat, eine Veränderung des Systems mit sich bringt – Folgen hat. Es macht etwas mit uns, das ist das Gesetz von Ursache und Wirkung. Zu töten, der Tod, hinterlässt immer eine Leere, die mit etwas Neuem gefüllt werden muss.

Penelope Smith beschreibt in ihrem Buch „Tiere erzählen vom Tod" ein Erlebnis, das sie mit einem Schlachtkaninchen hatte. Erschüttert von der scheinbar tragischen Aussicht des Kaninchens, war sie umso verblüffter von diesem Tier zu erfahren, dass es mit dieser Perspektive kein Problem hatte. Begründung: Es ging ihm gut im Leben, es wurde würdevoll und liebevoll gehalten – und letztlich würden wir ja alle gefressen.

Selbst dieses Kaninchen also war in gewisser Weise vorbereitet – und es wurde mit Respekt und Achtung behandelt.

Wenn der Schuss aus heiterem Himmel kommt und ein gesundes Tier trifft, wenn ein Auto einen tödlichen Unfall verursacht, wenn ein junges Sportpferd unvermittelt beim Schlachter endet, wenn ein Tod sinnlos ist, wir den Geist, die Schöpfung missachten – dann ist die Tierseele, ist ihr „Ich-Bewusstsein" darauf unter Umständen nicht vorbereitet.

Wenn wir leichtsinnig, leichtfertig Tod verursachen, wenn wir Massentötungen initiieren, wie Sie als präventive Maßnahmen in der Landwirtschaft leider immer wieder vorkommen und Hunderttausende von Hühnern, Gänsen, Schweinen oder Rindern ihr Leben „sinnlos" lassen müssen – geht ein energetischer Aufschrei durch die kollektive Tierseele. Sie wird heutzutage auch kaum noch „einzeln" rituell versöhnt – und was können wir tun? Sie müssen sicher nicht gegen Ihre Überzeugung oder Bedürfnisse hauruck Veganer werden. Vielleicht ist der wichtigere Schritt, einfach bewusster zu kaufen und zu essen. Wann haben Sie Ihr letztes Tischgebet gesprochen? Jeder von uns kann segnen. Was segnende Worte für eine Wirkung haben, wissen wir spätestens seit den spektakulären Wasserkristallfotografien von Masuro Emoto. Wasser speichert alle Informationen wie ein Schwamm. Säugetiere bestehen zu gut siebzig Prozent aus Wasser. Was für ein Speichervolumen!

Doch zurück zu unseren Pferden.

Helfen Sie Ihrem Pferd auch dadurch, dass Sie es vorbereiten, was auf es zukommt. Reden Sie mit ihm. Versuchen Sie nicht, einen bevorstehenden Tod oder Ihre Tötungsabsicht zu verheimlichen. Ihr Pferd spürt sowieso, dass etwas passiert.

Stellen Sie sich nach seinem Tod vor, wie die Seele sanft und einfach ihren Weg ins Licht nimmt.

Ein namenloses Pferd auf Mallorca

Vor einigen Jahren bin ich auf Mallorca mit Freunden in einen plötzlichen Stau geraten. Es war Nacht, wir waren essen gewesen und auf dem Heimweg. Obwohl kaum Verkehr war, hatte sich im Nu eine Schlange gebildet. Niemand wusste, was vorn passiert war, ein Unfall musste es sein, soviel war klar. Aus einem inneren Antrieb heraus verließ ich das Auto und eilte nach vorn, ganz entgegen meiner Art. Ich sah das Pferd schon von weitem. Der kleine Traber stand, blutüberströmt, zitternd, im Schock apathisch. Ich lief schneller. Das Pferdchen brach zusammen, noch ehe ich es erreicht hatte. Niemand hielt mich auf, verwunderlich eigentlich, rückwirkend betrachtet. Doch es war alles in einer seltsamen Klarheit völlig selbstverständlich.

Seinen Kopf auf meinem Schoß kniete ich auf dem Asphalt, streichelte das Tier, es wirkte noch ganz jung, hielt es, tröstete, beruhigte, erklärte ohne Worte, begleitete, während spanische Polizisten um uns herum den Verkehr regelten. Wir nahmen beide davon kaum mehr etwas wahr. Wir waren geborgen in einer Glocke aus orangegoldenem Licht. Wir wussten längst beide, was geschehen würde. Das Pferd starb in meinen Armen und war ganz ruhig und entspannt. Die Seele ging rasch, ein wenig verwundert, aber sanft. Sie war nicht allein, ich fühlte die Anwesenheit der Engel, die sie heimbrachten und das heller werdende Licht. Ich blieb noch eine Weile sitzen, bis die Außengeräusche wieder an mein Ohr drangen und das Licht um uns herum sich veränderte. Als es dunkler wurde, und etwas kühler, legte ich den Kopf des tapferen kleinen Trabers ab, schloss ihm die Augen, streichelte noch einmal das staubige Fell und stand auf. Ich war erfüllt von Demut und Dankbarkeit und einem Gefühl tiefen Friedens um uns herum. Niemand hupte. Als ich zu meinen Freunden zurückging, bedankte sich einer der Polizisten bei mir. Damit hatte ich am allerwenigsten gerechnet.

Vor allem in Fällen wie dem eben beschriebenen ist es unter Umständen nicht gegeben, dass die Seele sich auf das Loslösen von der Materie, vom Körper einstellen kann. Es geht kein Zerfallsprozess, kein allmähliches Abschiednehmen, keine Vorbereitung voraus. Das Lebewesen in seinem Ich-Bewusstsein wird aus dem Leben gerissen und das kann unter Umständen Probleme verursachen – bei Mensch wie Tier.
Ob wir einen Tod erwarten oder ob er plötzlich eintritt, hat außerdem wesentlichen Einfluss auf *unsere* Trauerarbeit, dazu kommen wir später noch.

Sterben aus energetischer Sicht

Ziehen wir zum besseren Verständnis auch hier wieder die Parallele von Geburt und Tod.
Aus energetischer Sicht werden durch den wehenartigen Geburtsvorgang Körper und Seele mehr und mehr verbunden, miteinander verschweißt. Kindern, die durch Kaiserschnittgeburten zur Welt kommen, fehlt das Erlebnis, durch die enge Geburtspassage sozusagen in den Körper, ins Hiersein gepresst zu werden. Psychologische Studien vermuten hier sogar die Ursache für verschiedene Störungen später im Leben. Die physische Geburt in diese Existenz hinein hat ihr Pendant in der Geburt in eine körperlose Existenz hinein. In dem Maße, wie der physische Körper schwindet, vergrößert sich der Energiekörper, beginnt zu strahlen. Dr. Rosina Sonnenschmidt schreibt dazu in der Zeitschrift *Ganzheitliche Tiermedizin* (2002, 16: S.114 – 125): *„So wie die Geburt (Inkarnation) wellenartig durch Wehen verläuft, ist auch der Sterbevorgang wehenartig aus dem Körper heraus (Exkarnation) in*

eine Dimension, die sich durch Nahtoderlebnisse von Menschen ahnen lässt. In dem Maße, wie der Mensch den Kreislauf von Werden und Vergehen aus der Tabuisierung erlöst, erlöst er auch die Tiere, die ihm anvertraut werden. (...) Im Sterben können wir das Verstrahlen von Materie erleben. Der Sterbende erlebt dies bewusst durch das Licht, in das er eingeht. Ihn dazu zu ermuntern, ihn darin zu begleiten, gehört zu den Sternstunden des eigenen Lebens."

Die energetische Sichtweise aufs Sterben und die Zusammenhänge der Kräfte von Leben und Tod, ermöglichen uns, einen Schritt von der Leinwand zurückzutreten, und so besser das große Ganze, die Zusammenhänge zu betrachten. Ganz werden wir das Bild wohl erst erkennen, wenn für uns selbst die berühmte Stunde geschlagen hat. Aber wir können uns schon einen ziemlich guten Überblick verschaffen ...

Wir alle kennen das Phänomen von Ebbe und Flut. Eine Zugkraft und eine Schubkraft sind das letztlich. Diese Energien finden wir auch im Leben wieder. Bis zur Lebensmitte schiebt uns etwas in dieses Leben, in die Materie hinein, und ab da fangen wir an, den leise stärker werdenden Zug zurück zum Ursprung zu fühlen, zur geistigen Welt. Die Schubkraft wird langsamer, wandelt sich zur Zugkraft. Am Wendepunkt steht das Innehalten, bei manchen die Irritation – eine Art Midlife Crisis, Sinnsuche, Orientierung, Resümee ziehen dessen, was wir bisher erlebt, geleistet, gedacht und gefühlt haben. Sterben ist dann nur noch eine Art umgekehrte Geburt. Wir haben es letztlich also am Anfang und am Ende dessen, was wir als Leben bezeichnen, mit einer Geburt als Inkarnation ins leibliche Sein, und einer als Exkarnation in eine geistige, energetische Existenz zu tun.

Die Tibeter unterscheiden folglich die Phase *der „äußeren Auflösung der Sinne und Elemente sowie einer inneren Auflösung der*

groben und subtilen Gedankenzustände und Emotionen. Bevor wir diesen Prozeß jedoch eingehender untersuchen können, ist es zunächst nötig, die Komponenten von Körper und Geist, die sich im Tod auflösen, besser zu verstehen.
Unsere gesamte Existenz hängt von den Elementen Erde, Wasser, Feuer, Luft und Raum ab. Sie bilden und erhalten unseren Körper, und wenn sie sich auflösen, sterben wir", schreibt Sogyal Rinpoche im „Tibetischen Buch vom Leben und vom Sterben".
Die traditionelle chinesische Medizin unterscheidet daher fünf Sterbephasen, denen die Auflösung der fünf Elemente zugrunde liegen, die unseren Körper am Leben erhalten haben. Bei der Einteilung dieser Sterbephasen achtet man auf viel subtilere Zeichen, als wir es gewohnt sind. Die ersten Anzeichen eines sich ankündigenden Sterbens können Monate vor der „heißen Phase" liegen und ganz dezent sein. Eine ausführliche Beschreibung der Phasen und unterstüzender Maßnahmen finden Sie in Dr. Rosina Sonnenschmidts Buch „Farb- und Musiktherapie für Tiere".

▸ Zur **ersten Sterbephase** wird bereits eine verminderte Funktionsfähigkeit unserer Sinne gerechnet, aber noch sind **alle Elemente in Balance**. Wir bemerken an unseren Tieren (und natürlich ebenso an sterbenden Menschen), dass unsere Sinne schwächer werden, nicht mehr zuverlässig funktionieren. Damit ist nun nicht gemeint, dass wir einfach nur schlechter hören, riechen oder sehen – sondern dass wir vom Bewusstsein her die Sinneserfahrungen nicht mehr koppeln und verknüpfen können – in gewisser Weise auf unsere Umwelt „desorientiert" wirken. Als Tierhalter schwanken wir in dieser Phase zwischen Hoffen und Bangen, das Tier nimmt noch durchaus am Leben teil, es ist krank, arrangiert sich aber und ist bei vollem Bewusstsein. Es folgt „die Auflösung der Elemente", die während des Lebens ja klar abgegrenzt voneinander stehen. Gelbes Farblicht, eventuell abwechselnd mit orange kann hier unterstützen.

- **Zweite Phase**: Zuerst geht **Erde in Wasser** ein: Alles wird schwer, selbst das Augen offenhalten kostet Kraft, das Bewusstsein geht in einen Dämmerzustand über. Es wird nichts mehr gefressen, das Tier zieht sich, wenn es kann, an einen ruhigen Ort zurück. Der Stoffwechsel verlangsamt sich, am Ende dieser Phase können wir einen leichten Azetongeruch wahrnehmen. Erleichterung können Sie Ihrem Pferd verschaffen, indem Sie das Maul mit lauwarmem Wasser benetzen. Blaues Licht hilft zu entspannen und mindert das Schmerzempfinden. Jammern oder Stöhnen bringen Erleichterung, werden Sie also nicht panisch, wenn Ihr Pferd Geräusche von sich gibt, sondern erlauben Sie sich das ebenfalls!
- **Dritte Phase**: Dann löst sich **Wasser in Feuer** auf. Damit geht ein Kontrollverlust über Körperflüssigkeiten einher: Nase und Augen, Ausscheidungen. Oft meldet sich Durst, alles fühlt sich trocken an, gereizt, was sich auch im Temperament spiegeln kann. Diese Phase kostet uns Nerven: Manchmal kommt es hier zu einem letzten Aufblühen, vielleicht steht Ihr Pferd sogar noch einmal auf – vielleicht wird hier das Ruder sogar tatsächlich noch einmal herumgerissen. Meist erlischt das Feuer aber, wenn Wasser ins Spiel kommt, nach einem letzten Aufflackern umso schneller ... Nach Ansicht der östlichen Philosophien verwechseln wir diesen natürlichen Vorgang mit einem „Aufbäumen gegen den Tod“. Gelassenheit und die Farbe Grün helfen hier weiter.
- **Vierte Phase**: Wenn **Feuer** sich **in Luft** (in der TCM dem Element Holz entsprechend) auflöst, verlieren wir die Körperwärme, frieren, wache und klare Momente wechseln. Alles kommt zur Ruhe und doch ist ein leichtes Vibrieren spürbar – das Energiefeld wird größer, der Körper scheint uns kleiner werdend, als ob er ins Ich zusammenfiele. Der Atem wird

schwach, manchmal angestrengt. Violettes Licht kann hier helfend eingesetzt werden.

▸ **Fünfte Phase** Wenn sich die Luft ins Bewusstsein, in den Äther auflöst, wird das Einatmen immer kürzer, das Ausatmen länger, die Außenwelt wird nicht mehr wahrgenommen. Der Wandel vollzieht sich. Hier tröstet Orange.

Tipp: Auch in der Trauerzeit können Sie sich selbst immer wieder mit orangefarbenem Licht umgeben!

Wenn die Umstände es nicht anders zulassen, und Ihnen die Idee, mit Farben energetisch zu arbeiten, gefällt, können Sie sich die Farben und wie sie Ihr Pferd und Sie einhüllen, einfach vorstellen. Lassen Sie Ihr verstorbenes Tier unbedingt zumindest noch eine halbe Stunde an seinem Platz ruhen.

Rita Heese, Heilpraktikerin und Dozentin für Akupunktmassage nach Penzel (APM) erklärt die Sterbeenergetik aus Sicht der traditionell chinesischen Medizin: *„Aus der Sicht der TCM trennen sich beim Sterbeprozess die Energien, oder auch Seelenanteile vom Körper und gehen in die Bereiche zurück, aus denen sie stammen. Die animalische Seele wird Po genannt, sie hat ihre Wohnstätte während einer Inkarnation im Lungen-Yin. Diese Seele sorgt für die Bedürfnisbefriedigung und die Erhaltung der Art. Sie ist verantwortlich als Architektin des Körpers für die Aufrechterhaltung der Körperform und für das stoffliche, physische Leben überhaupt. Sie ist die ältere Seelenform und sinkt nach dem Tod in die Erde zurück.*

Aus der Erde kommen wir, zur Erde werden wir.

Danach lösen sich die stofflichen Substanzen, Flüssigkeiten, Strukturen usw.

Der göttliche Funke – oder Bewusstheit, „Shen“ genannt, – wohnt im Herzblut, manifestiert sich als schöpferische, schaffende und magische Kraft als Hun-Seele in der Leber. Dort hat sie auch während der Inkarnation ihre Wohnstätte. Dieser Teil ist unsterblich,

geht als Letzter aus dem Körper, wird als Hauchseele definiert und steigt auch in das außerkörperliche Zuhause.
Man sagt, dass die Hun-Seele noch einige Zeit nach dem Tod bei den Hinterbleibenden bleibt. Sie kümmert sich um die Trauernden, vorausgesetzt man bringt ihr Opfer. Daraus resultieren die strengen Totenbräuche im alten China zur Befreiung und Versöhnung dieser Hun-Seele."

Der kleine Kreislauf – einmal anders eingesetzt

Rita Heese hat in der Sterbebegleitung gute Erfahrungen mit dem Ausstreichen von Meridianen gemacht: *„Seit etwa zwanzig Jahren begleite ich in meiner therapeutischen Tätigkeit Lebewesen, Menschen und Tiere mit der Akupunktmassage nach Penzel (kurz: APM) bei ihren unterschiedlichsten Beschwerden.*
Die APM ist eine spezielle Massageart, die sich auf die Aktivierung des Energieflusses im Meridiansystem bezieht. Bei dieser Massage wird nicht genadelt, geknetet oder gewalkt, sondern mit einem eigens dafür konstruierten Stäbchen über Berührung der Hautzellen im Verlauf der Meridiane eine energetische Bewegung ermöglicht.
Die Energiezirkulation in einem Lebewesen ist allen anderen Regelkreisen übergeordnet:

- *z.B. der Stoffwechselregulation,*
- *dem Schlaf- und Wachrhythmus,*
- *der Blutzirkulation und demHerzrhythmus,*
- *dem Nerven- und Lymphsystem und vielen anderen mehr.*

Auch die mentalen und emotionalen Bewegungen benötigen Energie. Darunter fällt auch die treibende, bewegende Kraft für den Geburts- und auch den Sterbeprozess.
Beides ist nur reibungslos möglich, wenn die Lebensenergie frei fließen kann. Es gibt in der APM nach Penzel eine Behandlung, die dort eine Unterstützung gibt wo der Lebenseintritt, also Schwanger-

schaft und Geburt, also auch der Lebensaustritt, eben das Sterben stagniert.

Dieser Behandlungsablauf ist unter dem „kleinen Kreislauf“ bekannt. Dabei wird der Hauptmeridian des Yang-Gebietes, das Gouverneursgefäß oder Vater des Yang genannt, mit dem Hauptmeridian des Yin-Gebietes, Konzeptionsgefäß oder Mutter des Yin bezeichnet, über die Körpermitte eines Lebewesens aktiviert und im unteren sowie oberen Pol (Geschlechtsbereich und Mundbereich) verbunden.

So entsteht eine Zirkulation des Chi's = Energie um die Längsachse des Körpers, ein kontinuierliches Fließen des Lebensstromes und damit eine Unterstützung dessen, was sich vollziehen möchte.

Den kleinen Kreislauf (KKL) körperlich zu ziehen ist auch mit den Händen möglich.

Das Konzeptionsgefäß = KG = oder Mutter des Yin, beginnt am Schambeinrand, zieht über die Körpermitte um den Bauchnabel herum, weiter über die Brust (Körpermitte) Hals, Kinn und endet Mitte der Unterlippe.

Diese wird beidseitig umrundet zur Oberlippenmitte, von dort zieht das Gouverneursgefäß oder Vater des Yang über den Nasensteg. Nasenrücken, Stirnmitte, Körpermitte, Hinterkopf, Nacken, Rücken – immer mittig über die Lendenwirbelsäule bis zur Steißbeinspitze. Dann am Analspalt vorbei beidseitig durch die Leisten zum Schambein zurück diesen Kreislauf schließen.

Das ist die Ausführung des KKL am Körper mit einer Hand oder eventuell dem Mittelfinger.

Die mentale Ausführung erfolgt am Besten im eigenen Atemrhythmus. In der Einatmung gehe ich mit meinem Bewusstsein an meinen Schambeinrand (Beginn des Konzeptionsgefäßes) in der Ausatmung lasse ich den Energiestrom über meine vordere Körpermitte hin auf meine Unterlippe fließen, beim erneuten Einatmen verbinde ich um meinen Mund den Energiefluss zur Oberlippe

(Beginn des Gouverneursgefäßes), lasse dann im Ausatmen die Energie strömen zum Endpunkt des Gouverneursgefäßes um beim erneuten Einatmen die Verbindung im unteren Pol strömen zu lassen. Das kann man ebenfalls gut mit Visualisieren von Farben verbinden.

Sterben und Geborenwerden sind identische Prozesse. Die Geburt hier ist ein Sterben drüben, wo immer auch drüben ist, das Sterben hier ist ein Geburtsprozess drüben.
Auch eine Seele, die sich verabschiedet, kann im Kampf zwischen Yin = Erde und Yang = Himmel stecken bleiben, wie ein Kind im Geburtskanal der Mutter.
Somit erleichtern wir aus der Sicht der APM nach Penzel den Übergang sowohl als auch durch eben diesen „kleinen Kreislauf".
Meine Berührung mit einem sterbenden Pferd und einer sterbenden Katze hat mir diese Erfahrung geschenkt.
Ich bekam einen Anruf von einer Patientin, die mich um Hilfe bat für ihr sterbendes Pferd Ben.
Ben war vierundzwanzig Jahr alt und litt seit Jahren an schwerem Asthma. Nun war seine Zeit gekommen. Er mühte sich sehr, seine stoffliche Hülle verlassen zu können. Sein animalischer Seelenanteil, welcher in der Lunge die Wohnstätte hat, konnte diese Wohnung nicht verlassen, die asthmatische Verkrampfung und der Schleimstau waren zu mächtig. Ich versprach Hilfe so gut ich konnte. Also verschaffte ich mir eine ruhige Umgebung und besuchte Ben mental. Was ich vorfand, erinnerte mich stark an den Sterbeprozess meiner Mutter, auch sie konnte den Übergang 1995 nicht vollziehen, da ihre Lunge von Schleim gestaut den Atem nicht entweichen ließ. Damals habe ich an ihrem Bett gesessen und auch diesen „kleinen Kreislauf" mental gezogen. Da erlebte ich wie sich der Schleim löste, ihr Körper sich entspannte und ihre Seele wie ein weißer Vogel aus ihrem Mund austrat. Ben war in ähnlicher Verfassung. Ich ließ die Energie in seinem Meridiansystem in seine

Körpermitte zirkulieren, verbunden mit der Visualisierung einer goldenen Lichtbewegung, welche die Verflüssigung des gestauten Schleimes bewirkte. Beständig ließ ich diesen Lichtstrom fließen, nach ca. 20 Minuten rief mich die Besitzerin an um mir mitzuteilen, dass Ben ruhig atmete und der Schleim in einem Schwall abfloss. Sie sagte: „Ich glaube der Krampf ist gelöst und der Kampf vorbei." Ich bekam nach ca. einer Stunde von der Besitzerin die Nachricht, dass Ben mit einem entspannten und friedlichen Ausdruck im Gesicht seinen Atem ausgehaucht hat.
Ich trug dieses Erlebnis als eine kostbare Erfahrung in meinen Alltag. Auf ähnliche Weise durch eine Patientin und Freundin wurde ich noch einmal für eine sterbende Katze um Hilfe gebeten. Fritzchen, dreizehn Jahre alt, hatte ebenfalls Mühe sich zu lösen, bei ihr lag ein Nierenversagen vor. Hier hatte ich die Möglichkeit, mit meinen Händen den kleinen Kreislauf zu aktivieren und so den Lösungsprozess zu unterstützen. Auch hier folgte nach der Entkrampfung des Körpers das sanfte Entströmen einer Art weißen Nebels aus dem Maul, ein letzter Atemzug und Fritzchens Seele ging hinüber.

Auch die seelische Kraft, oder die Kraft zum Loslassen des Sterbebegleiters oder Besitzers des Tieres kann über die Anwendung des „kleinen Kreislaufes" gestärkt und stabilisiert werden. Die Zirkulation um die Körpermitte bei sich selbst zu aktivieren, ist sowohl mental als auch physisch möglich.

Mit diesem Bericht möchte ich Sie ermutigen, Ihre mentalen Fähigkeiten zu aktivieren, zu stärken, zu schulen und eben auch denen in der Sterbebegleitung zu schenken, die sich sonst sehr mühen müssten, um loszulassen.
Danke, lasst uns achtsam umgehen mit diesem Geschenk."

Rita Heese, Bad Münder

Komplikationen

Wenn nun im Sterbeprozess ebenfalls die Wehen fehlen, sei es durch zeitlich ungünstige Euthanasierung, oder durch einen plötzlichen, traumatischen Tod, liegt die Vermutung nahe, dass auch dies unter Umständen zu Komplikationen führt. Körper und Geist haben keine Vorbereitungszeit, sich zu trennen. Hier können wir als Mensch helfen.

Um mit diesem Leben abschließen zu können, um uns weiterzuentwickeln, weiterzuziehen, Frieden zu finden, um eine neue Tür aus vollem Herzen zu öffnen ... müssen wir eine andere hinter uns zuziehen. Auch dies gilt gleichermaßen für Mensch und Tier. Nur dass wir als Mensch unter Umständen sogar Auslöser dafür sind, dass ein Tier sich schwer tut, diese Tür zu schließen, um im Bild zu bleiben: Dann hängen *wir* an der Klinke und stemmen uns dagegen.

Unter normalen Umständen tun sich Tiere wesentlich leichter mit dem Übergang als wir Menschen. Sie haben keine Furcht vor Sterben und Tod. Diese Anhaftung am Leben scheint menschlicher Natur zu sein – und allenfalls da liegt der Hase im Pfeffer: Dieses Klammern können wir dummerweise übertragen und projizieren: Je enger unsere Bindung, desto größer unter Umständen die Schwierigkeiten.

In Kommunikationen mit Pferden und anderen Tieren zeigt sich deutlich, dass am ehesten Tierseelen den Weg ins Licht nicht finden, die dieses Leben nicht loslassen können.

Und das hat letztlich zweierlei Gründe, zwei Urheber:

- **Das Pferd selbst:** Ein traumatisches Sterben/Todeserlebnis: Das Pferd begreift nicht, dass es keinen Körper mehr hat, es hat sein Sterben, seinen Tod „verpasst".
- **Der Mensch:** Er lässt nicht los, hält die Seele fest, weil er nicht Abschied nehmen mag. Das Tier bleibt aus Sorge oder

Kummer oder weil es sich nicht aus der starken Bindung lösen kann.

Ich werde oft gefragt, woran man merken kann, dass etwas nicht in Ordnung ist, dass der Übergang nicht so geklappt hat, wie es sein soll. Ich antworte dann meist: Das merkt man wenn es passiert ist – und es geschieht glücklicherweise recht selten.
Vergegenwärtigen wir uns eins: Das Bild vom „natürlichen Tod“ eines Pferdes als sanftes Einschlafen im Kreis seiner Lieben auf der Weide oder im Stall ist ein Mythos. In freier Wildbahn sterben alte und kranke Flucht- und Beutetiere wie das Pferd, indem sie von Raubtieren gestellt und gefressen werden – oder langsam verhungern oder verdursten. Kaum eines stirbt den Sekundentod oder wird von den übrigen Herdenmitgliedern über Monate hinweg gepflegt, gefüttert und beschützt. Der Abschied voneinander geschieht jedoch nicht abrupt, er vollzieht sich in mehreren Phasen. Kranke werden ausgegrenzt, schließlich verjagt. Das ist spätestens der Anfang vom Ende – auch eine Vorbereitung auf den Tod. Ist die Natur grausam? Die Natur *ist* einfach. Der Mensch bewertet. Der Mensch greift ein, er ändert. Ob das nun besser oder schlechter ist, mag jeder anders sehen und danach handeln. Es bringt uns im Zweifel nicht weiter.

Der Hauptgrund, weswegen ich im Unterschied zu einigen anderen Tierdolmetschern Kontakte, Kommunikationen mit verstorbenen Tieren in den allermeisten Fällen ablehne, ist dieser: Wir sollten die Ruhe der Verstorbenen achten und respektieren, finde ich; sie in Frieden weiterziehen lassen und nicht leichtfertig stören. Ich möchte keine Entwicklung behindern, keine Seele aufhalten, weil der Mensch dringend etwas für sich klären möchte, etwas wissen will, ein schlechtes

Gewissen oder Selbstvorwürfe befrieden oder bereinigen möchte. Denn das sind in der Regel die Hauptgründe, die einem solchen Ansuchen zugrunde liegen. Sie beziehen sich also einzig auf den Menschen, nicht aufs verstorbene Tier. Für eine unsterbliche Seele spielen sie schlicht keinerlei Rolle (mehr). Wenn es um den Menschen geht, helfe ich dem Menschen, wenn es ums Tier geht, setze ich dort an. Und nach dem Tod gibt es da für mich nur einen einzigen Grund: Dass die Seele nicht ins Licht gehen kann oder mag, aufgehalten wurde oder orientierungslos ist, und das, wie gesagt, passiert glücklicherweise nur sehr selten. Haustiere, auch Nutztiere sind nach meinen bisherigen Erfahrungen in der Regel vorbereiteter auf den Tod als wir Menschen (Wildtiere noch viel mehr). Vielleicht sind sie der Natur, der Schöpfung noch nicht so entfremdet, wie wir Menschen, auch wenn sie schon so lange bei uns leben. Vielleicht hilft ihnen auch, dass sie noch mit vier Beinen der Erde verhaftet und verbunden sind, dass die Mehrzahl ihrer Chakren (feinstoffliche Energiezentren) dorthin ausgerichtet sind – bei uns ist es nur eins, das Wurzelchakra.

Ach so, wie ich es nun merke, wenn „es“ doch passiert ist?

Wir bekommen unter Umständen das Gefühl, das Tier sei noch bei uns, es finde den Weg ins Licht nicht. Wir erleben Unruhe im Stall, bei den Herdenmitgliedern, spüren selber eine belastende Schwere ...

Nicole Hasselbach wurde vom Tod ihrer Stute überrascht, als sie 380 Kilometer entfernt war. Elba war am Wochenende schwer gestürzt, vier Tage lang schien alles auf dem Weg der Besserung, sie fraß und bewegte sich. Doch dann legte sie sich fest, kollabierte in der Box und musste eingeschläfert werden, noch bevor ihr Frauchen bei ihr sein konnte. – Ein Schock für die Besitzerin, aber auch das untrügliche Gefühl, dass dieser Schock für Elba noch viel größer war, dass die junge Stute nicht wusste, beziehungsweise nicht verstehen konnte, was geschehen war. Nicole bat mich um Hilfe und ich führte die folgende Kommunikation.

 *Elba*

Stute, vier Jahre alt

Tierkommunikationsprotokoll, einen Tag nach ihrem Tod, 10. April 2008

„Licht, um mich her ist viel helles Licht. Bin oben, wie ein Luftballon an der Decke, kann nicht höher und nicht runter. Fest. Ich fühle meinen Körper nicht mehr, ich schwebe, irgendwie unter der Decke. Sie haben meinen Körper fortgeräumt, ich finde ihn nicht mehr, ich bin doch aber noch da? Wo seid ihr hin? Warum ist hier keiner mehr, was ist passiert? Fühle Leere im Bauchraum.
Doch, ein Teil in mir weiß es ja, aber es ging so schnell. Wo bin ich hin, eben war ich noch hier? Abtransportiert ... Versagt. Ich mache mir Vorwürfe. Ich habe nicht aufgepasst, dann war es vorbei. Habe ich versagt? Ich hab doch immer alles richtig gemacht, oder? Ich wäre gern noch geblieben. (Verschiedene Ebenen diskutieren miteinander und mit mir, ich höre zu, helfe einordnen, erkläre und zeige den Weg. Anmerkung der Autorin) ...
Ich gehe ein in Alles-was-ist, aha. Nun sehe ich klarer. Elba ist nicht meine Seele, aber Elba wundert sich. Sie ist ein Teil von mir. Wir können uns auflösen, können das Elbabewusstsein langsam verlöschen lassen, damit der Wandel vollzogen werden kann. Sie darf gehen, es ist so gut zu fühlen, dass ich gehen darf. Losgelassen werden. Es war nicht meine Bestimmung, so lange hier zu bleiben, weißt du? Es war so schön, dass sie noch da war, kurz vorher, mich gesehen hat und gestreichelt, das nehme ich mit. Sie soll nicht traurig sein, es war nicht unsere Zeit, sie braucht ihre Kräfte erstmal anders. Wir waren so weit weg. Aber das war alles gut so. Ihr denkt immer so dual. Ich konnte nicht warten, es kam alles so, wie es

sollte. Ich hab sie mir schon mal angeschaut und vielleicht komme ich später noch mal wieder. Anders, wie es dann passt, und dann für länger.

Es ging alles so schnell und überstürzt, aber es war wichtig so. Mein Elba-Ich hat nicht alles so schnell verstanden, da war ich ja noch so klein und dachte in mir, nicht außerhalb von oben. Jetzt kann ich begreifen und sehe die Zusammenhänge.

Jetzt darf ich ins Licht gehen. Ausatmen, es ist gut so. Es geht jetzt, auf einmal ganz leicht. Ich verstehe nun alles. Danke. Die Zusammenhänge, es ist alles nicht mehr wichtig. Hier ist Liebe allumfassend. Es gibt nicht länger gut oder schlecht. Was ist das? Ich habe alles richtig gemacht, ich bin gleich zu Hause. Ich freue mich. Pures Glück. Hier ist es wunderschön. Leere und Fülle, alles in einem. Licht, ich darf hier sein! Oh, solche Freude, solches Glück! Zu Hause! Ich bin daheim!!! Danke dass du mich da weggeholt hast aus diesem Stall. Ich kann frei sein jetzt, ich bin es schon. Ich wusste nicht wohin, jetzt sehe ich den Weg, habe ihn gefunden und bin schon fast da. Ich freue mich, mein Herz ist so voller Glück, ich bin zu Hause. Alles andere lasse ich hinter mir. Voller Dankbarkeit. Sie hat mir viel gegeben, sag ihr danke. Ich verabschiede mich jetzt. Ich berühre sie leicht am Arm mit meinen sanften Lippen und gehe. Es gibt keine Zeit, alles ist gleichzeitig nie und immer. Mein Elba-Sein löst sich auf, allmählich, Schrittchen für Schrittchen, nimmt Abschied, löst sich, sie wird mich noch ein wenig spüren, dann weniger und gut. Es geht ein ins große Alles. Ich bin nur noch ich. Und Nichts. Alles ist so unendlich gut. Habt Dank für so vieles. Licht. Ich bin da.“

Feedback – Kommentar von Nicole

„Ich danke Karin von ganzem Herzen, dass sie noch mit Elba kommunizierte. Dieses Protokoll ist für mich unbeschreiblich wichtig und ich werde es mir noch tausende Male durchlesen. Es

hilft mir ein Stück mehr loszulassen und tröstet mich in meinen traurigsten Momenten.
Trotz meiner unendlichen Trauer um Elba freue ich mich, dass sie angekommen ist und dass es ihr gut geht.
Sie ist ein Engel und ich bin für die wenn auch nur kurze Zeit mit ihr unendlich dankbar. Sie hat mir sehr viel gegeben und lässt mich die Dinge besser verstehen.
Es ist für mich eine Ehre, dass ihr Protokoll in diesem Buch erscheinen darf. Ich hoffe, dass ihre Worte vielen Menschen bei ihrer Trauer um ihr geliebtes Tier und Gefährten helfen und Trost spenden.
Für mich ist sie immer noch da, nur in anderer Form. Im Stillen hege ich die Hoffnung, dass wir uns in meinem jetzigen Leben noch mal begegnen.
Ich danke ihr für ihr großes Vertrauen in mich und für ihre unendliche Liebe."

Nicole Hasselbach

Wir haben am ehesten Furcht vor dem, was wir nicht kennen. Es ist ganz natürlich, dass wir Respekt und ein wenig Beklommenheit bei dem Gedanken an ein wie auch immer geartetes Jenseits, an „Drüben", „Oben oder unten" empfinden. Und doch haben die meisten von uns tief innen eine Ahnung davon, dass uns diese Dimensionen doch nicht so unbekannt sind. Dass wir vielleicht von „dort" – wo immer es sein mag – gekommen sind, bevor wir „hierher" kamen. Vielleicht kennen Sie seltsame Momente, in denen Sie den Sternenhimmel anschauen und eine Art tiefe Sehnsucht oder sogar Heimweh verspüren – die nichts mit depressiver Verstimmung oder einer Auslandsreise zu tun haben?
Die Wahrheit liegt hinter den Dingen, und wir können nur in Bildern von ihr sprechen, schrieb Hans Bemmann.
Kennen Sie die Geschichte vom Land hinter dem Regenbogen? Ich habe sie für Sie aus dem Internet gefischt.

Die Regenbogenbrücke

„Es gibt einen Ort, der Regenbogenbrücke genannt wird. Dieser verbindet Erde und Himmel. Verlässt uns ein geliebtes Tier, geht es an diesen ganz besonderen Ort. Dort gibt es grüne Wiesen und Hügel für all unsere geliebten Freunde. Dort spielen und toben sie zusammen. Es gibt reichlich zu essen und zu trinken. Die Sonne scheint, und es ist angenehm warm.
All die kranken, verstümmelten, verletzten oder alten Tiere sind wieder jung, gesund und stark, gerade so, wie wir uns an sie in unseren Träumen von vergangen Tagen erinnern. Sie sind fröhlich und zufrieden, bis auf eine kleine Sache: Jedes vermisst jemand ganz Besonderen, der nicht bei ihm ist.
Alle rennen und spielen zusammen. Aber es kommt ein Tag, an dem eines plötzlich innehält ,und in die Ferne schaut. Sein Körper bebt. Es löst sich von der Gruppe. Es fängt an zu laufen. Seine Beine tragen es schneller und schneller.
Dein Freund hat dich entdeckt, und wenn ihr euch endlich wieder trefft, seid ihr glücklich vereint, um niemals wieder getrennt zu werden. Glückliche Küsse bedecken dein Gesicht, deine Hände streichen über den geliebten Kopf deines Tieres. Du siehst wieder und wieder in die treuen Augen deines Freundes, der so lange aus deinem Leben, aber nie aus deinem Herzen, verschwunden war.
Gemeinsam überquert ihr nun die Brücke.“

(Autor unbekannt)

Tiere nehmen nicht nur Abschied von uns Menschen, sondern auch voneinander und diese Wichtigkeit ist nicht zu unterschätzen. Das zieht sich durch alle Erfahrungsberichte, die ich für die Recherchen zu diesem Buch zusammengetragen habe. Geben Sie Ihrem Pferd und seinen Freunden, wann immer möglich, die Gelegenheit dazu, auch wenn krankheits- oder unfallbedingt ein Einschläfern ansteht. Die Zeit drängt

in den wenigsten Fällen so akut, dass dies nicht möglich wäre. Verabschieden auch Sie sich von Ihrem Pferd, ganz bewusst. Verbringen Sie Zeit mit ihm, bedanken Sie sich für die gemeinsamen Jahre – wenn Sie räumlich getrennt sind, tun Sie es in Gedanken. Energie folgt der Absicht! Bereiten Sie Ihr Pferd mental auf das Kommende vor. Begleiten Sie es. Teilen Sie ihm in Gedanken oder indem Sie mit ihm reden mit, dass Sie eine Entscheidung getroffen haben. Sagen Sie ihm, was geschehen wird, wenn der Tierarzt kommt.
Ich möchte hier drei Frauen zu Wort kommen lassen, die den Abschied von ihrem geliebten Pferd bereits erlebt haben. Jede ist auf ihre Weise eine besondere Geschichte, die uns Mut machen kann, zuversichtlich auf den Tag X zu blicken:

Lales Abschied

„Lale war mein Liebling. Die kleine Pony-Mix-Stute, ein hübscher Palomino mit einem Araber-Köpfchen, war etwa ein halbes Jahr alt, als sie zu uns kam. Eigentlich wollten wir nur ihre Mutter Melissa für unsere Tochter kaufen. Von einem groben Bauern, der Schlachtvieh hielt und das Pony nur als Amusement für die Kinder seiner Kunden hatte. Von der damals noch namenlosen Lale wussten wir nichts. Von ihr erfuhren wir von dem Bauern nur so ganz beiläufig: ‚Wenn das Pony jetzt verkauft ist, geht ihr Fohlen mit dem nächsten Transport zum Schlachter.' Wir kauften zwei Pferde. So kam es dann, dass Lale zusammen mit Melissa zu uns umzog. Sie war anfangs völlig verschreckt, ließ niemanden an sich heran, galoppierte wie eine Wilde durch ihre Box, wenn jemand zu ihr hineinging. Ich hatte anfangs sogar Angst vor ihrer Wildheit. Doch wir gaben beide nicht so leicht auf. Ganz, ganz behutsam kamen wir uns näher. Bald ließ sie sich anfassen. Ich durfte sie streicheln und vorsichtig striegeln, während sie ruhig und ohne Halfter oder Strick neben mir stand. Wir fassten Vertrauen zuei-

nander. Sie und ihre Mutter Melissa waren unsere ersten eigenen Pferde auf unserem kleinen Hof. Ich war unerfahren, Lale auch. Lale hat gelernt, und ich habe mit ihr gelernt. Sie ist beim ersten Schmiedbesuch neben mir umgefallen, weil sie noch nicht auf drei Beinen stehen konnte – und ich hab' mich furchtbar erschreckt. Sie hat mich am Strick quer über die Wiese gezogen, weil ich dachte, ich könnte sie festhalten – bis ich mir den Arm an der Drahtumzäunung eines Obstbaumes blutig gerissen habe. Die Narben habe ich heute noch. Ich habe nie wieder versucht, sie festzuhalten. Und sie kam schon wenig später einfach auf Zuruf. Sie erlebte, wie auch ich immer mehr lernte – über Pferdehaltung. Und auf unserem Hof Pferdestern umsetzte. Anfangs stand Lale noch nachts mit Melissa in – wenn auch großen – Boxen. Dann kamen andere Pferde hinzu, es begann das Herdenleben. Später dann zogen die Ponys um in einen eigenen Offenstall, mit Auslauf und Wiese und allem Drum und Dran. Wallache und Stuten lebten hier Tag und Nacht zusammen. Ein kleines Pferdeparadies, wunderschön für Mensch und Tier. Und dabei hatte sich irgendwann fast unbemerkt das eingeschlichen, was Lale später umbrachte. Es begann mit einem winzigen Knubbel an der linken Seite ihres Unterkiefers. Zuerst kaum wahrnehmbar, gerade eben beim intensiven Pflegeprogramm zu ertasten. Kommt vom Zahnen – so die ersten Vermutungen. Die Zähne wechselten, der Knubbel blieb. Und blieb unverändert. Ein Schönheitsfehler, nicht tragisch. Der Tierarzt winkte ab. Kein Grund zur Beunruhigung. Der Knubbel blieb weiterhin, gehörte zu Lale. Bis er dann irgendwann anfing zu wachsen. Langsam erst, dann unübersehbar. Er schien Lale nicht zu stören. Sie fraß ohne Behinderung, war munter und freundlich wie immer. Mich störte er. Ich holte nacheinander mehrere Tierärzte, sie untersuchten und testeten und machten Röntgenbilder. So unterschiedlich ihre Methoden waren, in der Diagnose waren sie sich letztendlich einig: „Lale hat einen Tumor, ist an dieser Stelle eher selten." Ich hatte bereits so etwas insgeheim befürchtet. Aber plötzlich war es ausgesprochen. Von mehreren. Und alle sagten dasselbe: „Inoperabel. Ist auch nicht zu stoppen. Irgendwann wird sie nicht mehr fressen können. Dann musst Du sie einschläfern lassen. Vielleicht auch schon vorher. Wenn sie keinen Spaß mehr an ihrem Leben hat. Wenn sie nicht mehr will. Wenn sie Schmerzen hat." Ich habe neben meinem Pony gestanden und Rotz und Wasser geheult. Und sie hat sich an mich gedrängt und ganz still gehalten. Ich weiß nicht wie lange. Lale würde bald sterben. Noch schlimmer: Ich würde den Zeitpunkt bestimmen müssen, wann sie stirbt. Wenn sie keinen Spaß mehr hat. Wenn sie nicht mehr will. Wenn sie Schmerzen hat. Ich hatte schreckliche Angst, diesen Punkt nicht zu erkennen. Und der Tumor wuchs. Lales Verhalten blieb unverändert. Sie fraß, sie spielte, sie ging mit spazieren. Nur das Halfter passte nicht mehr über den Knubbel. Es ging auch ohne. Das Fressen wurde schwieriger. Sie bekam Heucobs, eingeweicht in einer speziellen Mischung für ihre Konstitution. Sie liebte sie und fraß, langsam zwar, aber mit offensichtlichem Appetit. Nur ihr Futtereimer, den wir in den Offenställen den Pferden um den Hals hängen, musste größer sein. Der Knubbel passte sonst nicht hinein. In dieser Zeit hatte ich auf unserem Hof ein Seminar ‚Telepathie mit Pferden' mit Karin Müller organisiert. Karin wohnte bei uns, und ich sprach mit ihr über meine Ängste. Sie beruhigte mich: ‚Du hast einen Draht zu Deinem Pony und sie zu Dir. Sie wird es Dich wissen lassen, wann es soweit ist.' Und sie hat es mich wissen lassen. An einem sonnigen Samstagmittag kam sie langsam zu mir. Ich saß auf einer Bank neben der Wiese. Sie legte ihren Kopf mit dem inzwischen sehr großen Knubbel in meine Hand und sah mich aus ihren großen Augen an. Sie blieb eine ganze Zeit lang so stehen. Und ich wusste. Ich rief noch in der gleichen Stunde den Tierarzt an. Er kam wenig später. Ich wollte mit Lale zuerst abseits ihrer Herde auf der Wiese bleiben. Doch sie lenkte mich den Auslauf hinunter vor ihren Offenstall. Mitten zwischen ihre Herde. Hier blieb sie stehen und wartete mit mir auf den

Tierarzt. Ganz ruhig. Ganz nah. Ihre kleine Herde blieb bei ihr. Auch als sie kurz hintereinander die beiden Spritzen bekam – erst die Betäubung, dann den Tod. Sie brach neben mir zusammen. Und ihre Herde ist nacheinander zu ihr gekommen, hat sie angestoßen, abgeleckt, gekrault. Dann sind sie auf die Wiese zurück galoppiert. Ich habe geweint – so wie ich jetzt wieder weine, während ich das schreibe. Lale ist nicht mal zehn Jahre alt geworden. Lale hat sich verabschiedet. Sie war mein Liebling."

Monika Schneiders, Aachen

Skuggis Abschied

„Ich habe mein Traumpferd Skuggi vor einigen Jahren einschläfern müssen. Er hatte Spat und wohl einen sehr aggressiven Entzündungsprozess im rechten Sprunggelenk. Es hat sich einfach abgebaut. Und an einem Montagmorgen stand er nur noch auf drei Beinen, weil in dem Gelenk ein Knochen gebrochen ist (was wir aber erst später auf dem Röntgenbild gesehen haben) ...

Es war sehr traurig anzusehen. Er war so ein strahlendes, stolzes und temperamentvolles Pferd. Skuggi und ich hatten immer einen sehr guten Kontakt und er war es, der mich zur Telepathie gebracht hat. Ich habe sofort die Tierärztin geholt. Sie hat ihm starke Schmerzmittel gespritzt, wir haben ihn geröntgt und später haben wir mit einigen Tierkliniken zwecks OP gesprochen.

Ich habe mich dann aber dagegen entschieden. Die Chancen standen zu schlecht und ich wusste, er würde die Bedingungen, die nach der OP zu erfüllen wären (monatelang nur Box und kein Auslauf, immer eine Behinderung an diesem Bein, ohne Gewissheit, wann das nächste Stück abbricht) nur mir zuliebe ertragen. Das wollte ich nicht.

Ich habe sehr große Schwierigkeiten loszulassen, das hat er gewusst und mich auf ‚meine' Entscheidung vorbereitet. Ich habe also diese Nacht bei ihm in der Box verbracht. Er hat immer wie-

der seinen Kopf auf meine Schulter gelegt, wenn er sich grade von seinem unruhigen Herumhüpfen erholt hat. Ich habe geweint und er hat mich getröstet. Er hatte so viel Güte für mich! In dieser Nacht hatten wir ein sehr langes Gespräch (ich hatte vorher immer Schwierigkeiten, mit meinen eigenen Tieren zu kommunizieren, aber da war es ganz klar und deutlich einfach da). Es war ein sehr deutliches, tröstendes und Mut spendendes Gespräch. Er hat mir noch für mein Leben so viel mitgegeben und ich wusste, welche Entscheidung ich zu treffen hatte. Er wollte gehen und ich wollte ihn nicht hier halten. Als ich die Entscheidung getroffen hatte, wurde ich ganz ruhig und auch er hörte auf, unruhig auf und ab zu humpeln.

Am nächsten Tag wachte ich euphorisch auf und war den ganzen Tag wie ein Kind am eigenen Geburtstag, voll freudiger Erwartung. Mittags kam meine Tierärztin. Wir haben ihn an einen schönen grünen Platz auf den Hof gebracht und sie hat ihn toll eingeschläfert. Es war (so blöd sich das anhört) wunderschön. Sie hat mir vorher erklärt, wie alles abläuft und mir, als er eingeschlafen war, noch kurz die Schulter gedrückt und ist dann wortlos gegangen.

Ein paar Tränen sind mir schon die Wange runtergelaufen, aber dann war es, als liefen alle wunderschönen Erinnerungen mit ihm nochmal vor meinem inneren Auge ab. Ich hatte das Gefühl, er hat mich mit all seiner Liebe eingehüllt. Das hat er öfters getan, wenn ich traurig oder verzweifelt war, auch als er noch lebte.

Ich habe noch eine halbe Stunde neben ihm gesessen. Es war die ganze Zeit windstill. Und dann plötzlich kam eine heftige Windböe, fegte durch die Eiche unter der er so gerne stand, zerrte an meinen Haaren und dann war es wieder still. Ich wusste, dass er gegangen war.

Er hat das so toll gemacht und mich so gut geleitet ihm zu helfen. Er hat mir geholfen ihn loszulassen und ich wusste, dass ich alles richtig gemacht hatte. Später habe ich gesehen, dass in dieser Nacht Neumond war. Ich denke, auch dass hat er geplant und es

gab mir die Gewissheit, dass man sich auf sein Gefühl verlassen kann.
Es ist traurig ihn verloren zu haben, aber ich hatte so viel durch ihn gewonnen. Diese Erfahrung zu machen, ihn gehen lassen zu können, die richtige Entscheidung für ihn zu treffen, das war wunderbar. Ich war ihm das schuldig.
Ich wollte eigentlich auch ein Stück seiner Mähne als Andenken behalten, aber er war sehr eingebildet, stolz und auch etwas arrogant, ein kleiner Macho und er hätte es mir übel genommen, wenn ich zu Lebzeiten seine Mähne abgeschnitten hätte. Als er tot war, war es mir nicht mehr wichtig, weil da neben mir nur noch die Hülle des wunderbarsten Pferdes lag, das je in mein Leben getreten ist.
Aber ich wusste, dass Skuggi immer irgendwie bei mir ist, in meinem Herzen und das ist viel mehr wert als ein paar olle Haare!"

Liebe Grüße! Mira Löffler, Cuxhaven.

Trajans Abschied – ein Wochenende in einer anderen Welt

„Zu meinem Geburtstag 1995 bekam ich von meinem Bruder ein wunderschönes Fotoalbum geschenkt, das nicht nur Fotos enthielt, sondern die ganze Geschichte, einschließlich des Stammbaumes meines geliebten großen Fuchses Trajan.
Der letzte Satz darin lautete sinngemäß: „ ... und ich wünschte, Du könntest die Geschichte noch weitere zehn Jahre fortschreiben."
Diesen Wunsch konnte ich meinem lieben Bruder erfüllen. Denn genau zehn Jahre später schloss sich dieses Buch und endete diese Geschichte am Pfingstwochenende 2005.
Trajan hatte ein stattliches Alter erreicht, wir hatten uns durch heiße Sommer und bitterkalte oberbayerische Winter gekämpft, eine schwere Zahnoperation überstanden, zwei Kinder in die Familie aufgenommen, er war meine große Stütze in schweren privaten Zeiten. Eine schwere Kolik ließ ihn schon beinahe einen

Blick auf die Regenbogenwiese werfen. Zum Glück gab es aber einen wunderbaren Tierarzt, der ihn wieder zu mir zurückholte. Ihn kennenzulernen war für mich ein großes Glück, ich fand ihn sehr sympathisch. Und da ich mir mit zunehmendem Alter meines Freundes auch hin und wieder Gedanken machte, wie ich alles tun könnte, wenn ich einmal jene schwere Entscheidung über Leben und Sterben zu fällen hätte, wurde bald klar, wenn ich ihn einschläfern lassen müsste, sollte es dieser Tierarzt tun. Das gab mir eine Sicherheit und innere Ruhe, um die ich an jenem schicksalhaften Wochenende sehr froh sein würde. Auch klar war für mich, dass ich Trajan nie würde zum Schlachter fahren oder erschießen lassen. Durch eine schwere Arthrose war er nicht mehr gut zu Fuß und ich hätte ihm einen Transport nicht mehr zumuten wollen.

Dann kam jenes Wochenende X: Ich hatte eigentlich nur Stalldienst. Aber dann wurde schnell klar, dass etwas nicht in Ordnung war. Der Tierarzt kam und tippte auf Kolik, verabreichte Medikamente und wollte später noch einmal kommen. Aber auch später ging es nicht besser und so richtete ich mich auf eine Nacht im Stall ein. Trajan wollte mich in seiner Nähe haben, ich machte nur kurze Pausen, um ein wenig auszuruhen, denn schnell wurde er wieder unruhig und rief nach mir. Nie zuvor hatte er nach mir gewiehert …

Der Samstagmorgen brach an und ich striegelte und bürstete meinen Freund ausgiebig, wie er es gerne hatte. Er bekam Mash, sein Lieblingsfutter und was mir sonst an Leckereien zur Verfügung stand. Er legte sich häufiger hin, um zu ruhen. Ich war fast die ganze Zeit da, fuhr nur einmal kurz nach Hause, während eine Freundin bei ihm blieb. Es war ein Wechselspiel von Hoffnung und Verzweiflung, die ganze Zeit jedoch war eine wortlose Verständigung zwischen uns beiden da.

Unsere gemeinsame Zeit flog an mir vorüber: als Jugendliche mit dem wilden, übermütigen großen Pferd, das mich immer wieder abwarf. Beim ersten Ausritt, der beinahe in einer Katastrophe endete. Und dennoch haben wir später noch viele Ausritte zusammen gemacht, irgendwann gab es nichts anderes mehr.

Mein Kampf, als ich schwanger war und trotz Verbot meines Vaters geritten bin, weil ich wusste, ich kann mich auf meinen Freund verlassen, mir passiert nichts.

Wie oft habe ich an diesem Samstag gebeten: „Trajan, bitte geh nicht, bleib bei mir!" Er hat gekämpft, auch wenn seine Kräfte weniger wurden.

Als wir Samstagnacht eine mühsame Runde durch den Paddock drehten, blieb er bei jedem Herdenmitglied kurz stehen. So als wolle er sich persönlich verabschieden ...

Ich verbrachte auch die zweite Nacht an seiner Seite: streicheln, trösten, bangen und hoffen. Viel Schweigen, einfach nur Da-Sein. CARPE DIEM – Nutze den Tag, nutze die Stunden, die bleiben. Es sollten die intensivsten sein, die wir miteinander verbrachten und jene, die ich nie vergessen würde.

Der Sonntag brach an, Trajan fraß kein Kraftfutter mehr, kein Heu, nur noch Gras. Teilweise fraß er liegend, aber immer und immer wieder rappelte er sich auf. Es wurde schwerer, auch schwerer anzusehen, denn durch seine Arthrose hatte er ohnehin Schwierigkeiten mit den Gelenken.

Wieder und wieder zogen Szenen unserer gemeinsamen Zeit an mir vorüber, alles schien sich zu lösen, es blieben keine Ungereimtheiten. Irgendwann kam ich an den Punkt zu sagen: „Trajan, wenn Du gehen willst, dann geh. Ich verspreche Dir, ich schaffe es auch ohne Dich."

Und irgendwann kam dann dieses Gefühl, dass es soweit ist. Ich verständigte den Tierarzt, der auch gleich kam. Alles, was ich jetzt tat, geschah einfach. Ich holte seinen Freund zu ihm, ich wollte nicht, dass er sich alleine fühlte. Die letzte Erinnerung an ihn ist, dass er auf der Koppel steht und Gras frisst. So als wäre alles in Ordnung.

Ich kam dann später noch einmal zum Stall, um mich noch einmal zu verabschieden, mit Kerzen, die ich rund um ihn aufgestellt habe und Räucherstäbchen. Am nächsten Tag war er nicht mehr da. Er wurde dreißig Jahre alt.
Ich brauchte sehr lange, um den Verlust zu verarbeiten, hatte lange seine Mähnenhaare immer bei mir und sein Halfter neben meinem Bett. Erst sehr viel später entdeckte ich bei einer Bekannten ein Buch, das mir sehr geholfen hat: „Abschied vom geliebten Tier" von Dr. Carmen Stäbler.
Und nachdem ich mich in den letzten Jahren auch von meinen drei Katzen verabschieden musste, habe ich gelernt, was für mich wichtig ist, wenn ich einen vierbeinigen Freund auf die Regenbogenwiese begleite: Der persönliche Abschied vom Tier (ich finde nichts gruseliges an einem toten Tier ...) mit dem „Ambiente", das für die Situation passt. Das können persönliche Gegenstände sein (Futterschüssel, Halfter ...), Kerzen, Steine, etc. Und wir verabschieden unsere Tiere auch mit Räucherwerk und einem kleinen Ritual, bei dem jedes Familienmitglied dem Tier sagen kann, was ihm wichtig ist. Für unsere verstorbenen Freunde gibt es auch einen „Gedenkplatz" in der Wohnung, wo die „Erinnerungsstücke" ihren Platz haben und der regelmäßig gepflegt wird."

Claudia Kraft, Königsdorf

Wenn das Unvermeidliche geschieht: Lassen Sie Ihr Pferd gehen. Stellen Sie ihm frei, zu sterben oder zu leben und sagen Sie ihm das ganz deutlich: Du darfst gehen, wenn du es möchtest! Es wird ihnen beiden helfen.
Und seien Sie beruhigt, wo es keine Gelegenheit gab, sich vor dem Tod zu verabschieden, suchen Pferde sich ihre eigenen Nischen. So hat es meine Schülerin Nadja Hälterlein erlebt:

Maurice und Nadja

„Es war an einem schönen Sonntag im Mai 2007. Ich war auf einer Geburtstagsfeier gewesen, als mein Handy klingelte. Meine Freundin erzählte mir, dass sich Maurice beim Ausritt das Bein gebrochen hat und eingeschläfert werden musste.

Maurice war ein schöner, schwarzer Trakehner-Wallach, er gehörte einem 16-jährigen Mädchen.

Mir war dann auch sofort klar gewesen, warum sich Carola, meine Stute, mehrmals bei mir meldete. Ich aber verstand es nicht.

Am Abend nahm ich dann Kontakt zu meiner Stute auf. Sie schilderte mir, was passiert war und wer alles da gewesen ist. Da meldete sich Bonito zu Wort. Bonito ist ein Criollo-Wallach und so etwas wie der „Sprecher" von allen, er ist auch der Einzige, der es immer wieder schafft, von seiner Seite aus eine Kommunikation zu mir aufzubauen.

Im Geiste ging ich in Bonitos Stall. Vor seiner Box stand Maurice, aber nicht so wie er real aussah, sondern leicht verschwommen und in leichten Nebel gehüllt.

Fast wie in einer Wolke. Ich ignorierte dieses Bild vollkommen, da ich damit nichts anfangen konnte und auch nicht wollte. Bonito erzählte mir, dass die Pferde alles ganz anders sehen als die Menschen und er die Aufregung nicht nachvollziehen könne. Er sagte, für die Pferde ist das der Lauf der Zeit, Sterben gehört zum Leben dazu.

Gedanklich ging ich zurück zur Box meiner Stute, auch hier stand Maurice im Gang vor der Boxentür. Er sah mich direkt an.

Bisher sagte ich immer, dass ich mich nicht mit verstorbenen Tieren unterhalten werde – aber was soll man tun, wenn sie plötzlich vor einem stehen und einem direkt in die Augen sehen.

Ich sprach ihn an. Es war ein seltsames Gefühl. Es war ein angenehmes Gefühl, wie Schwerelosigkeit, ein Gefühl von tiefster innerer Zufriedenheit, es war wie Licht und Energie – ich kann es einfach nicht beschreiben. Es war friedlich.

Maurice sagte mir, dass es ihm gut gehe und er noch diese Nacht hier bleiben werde. Er wolle sich noch von allen verabschieden und dann werde er gehen. Wir haben uns verabschiedet.
Dieses Gespräch hat mich zutiefst beeindruckt und wieder habe ich etwas von meinen vierbeinigen Freunden lernen können und dafür bin ich ihnen so unendlich dankbar.
Maurice habe ich nie mehr wiedergesehen – er hat sich verabschiedet und ist seinen Weg gegangen.“

Nadja Hälterlein, Hilkersdorf

Aktive Sterbehilfe – Pro und Contra

„Man kann im Herbst kein Blatt am Fallen hindern."

(Volksweisheit)

Im Humanbereich verboten bis höchst umstritten – wenn es um unsere Tiere geht, ist sie fast schon die Regel, die Euthanasie, im Sprachgebrauch beschönigend Einschläfern genannt. Wir reden letztlich davon, Pferden beim Sterben zu helfen – sie zu töten, auf wie wir meinen humanere Art, als wenn sie von allein sterben würden.

Ich ergreife hier keine Partei.

Und ich möchte auch Sie bitten, dass Sie nicht bewerten, wie sich jemand anderes entscheidet oder entschieden hat. Bewertungen stehen uns nicht zu.

Auch umgekehrt anderen nicht, was Ihre eigene Entscheidung angeht.

Bedenken wir an dieser Stelle auch, dass ein altes, krankes oder verletztes Pferd in freier Wildbahn in aller Regel Beute wird. Auch hier stirbt es einen schnellen Tod. Im behüteden Kreis der Herde schlafen wohl die wenigsten friedlich ein.

Wenn Sie sich im Vorfeld sorgfältig informieren, aus gutem Gewissen heraus eine Entscheidung fällen oder gefällt haben, wenn Sie aus einer akuten Notsituation heraus so oder anders gehandelt haben – es war, ist und wird in Ordnung gewesen sein. Wir können nichts anderes tun, als nach bestem Wissen und Gewissen heraus handeln. Wir haben die Gnade, beständig dazulernen zu dürfen. Vielleicht würden wir heute die ein oder andere Entscheidung anders fällen, als wir es damals

getan haben. Aber damals hat es sich richtig angefühlt. Das ist, was zählt. Vertrauen Sie auf den Prozess – und darauf, dass es irgendwo da draußen, oben, drüben, wie auch immer, etwas gibt, das mehr weiß als wir ... und ebenfalls Gnade und Güte kennt. Jeder von uns macht so gut, wie er kann. Das ist unsere Pflicht, nicht mehr und nicht weniger. Es werden keine Noten darüber verteilt, es gibt kein „Gut“, das für alle gleichermaßen gilt. Es kommt immer auf die Situation an, und auf die beteiligten Individuen. Für Sie und Ihr Tier muss es passen. Sonst für niemanden.
Kennen Sie die türkische Geschichte vom Vater, seinem Sohn und dem Esel von Johann Peter Hebel? Sie passt so schön zum Thema.

Seltsamer Spazierritt

Ein Mann reitet auf seinem Esel nach Haus und lässt seinen Buben zu Fuß nebenher laufen. Kommt ein Wanderer und sagt: „Das ist nicht recht, Vater, dass Ihr reitet und lasst Euern Sohn laufen; Ihr habt stärkere Glieder.“ Da stieg der Vater vom Esel herab und ließ den Sohn reiten. Kommt wieder ein Wandersmann und sagt: „Das ist nicht recht, Bursche, dass du reitest und lässest Deinen Vater zu Fuß gehen. Du hast jüngere Beine.“ Da saßen beide auf und ritten eine Strecke. Kommt ein dritter Wandersmann und sagt: „Was ist das für ein Unverstand, zwei Kerle auf einem schwachen Tiere? Sollte man nicht einen Stock nehmen und Euch beide hinabjagen?“ Da stiegen beide ab und gingen selbdritt zu Fuß, rechts und links der Vater und Sohn und in der Mitte der Esel. Kommt ein vierter Wandersmann und sagt: „Ihr seid drei kuriose Gesellen. Ist's nicht genug, wenn zwei zu Fuß gehen? Geht's nicht leichter, wenn einer von Euch reitet?“ Da band der Vater dem Esel die vorderen Beine zusammen, und der Sohn band ihm die hintern Beine zusammen, zogen einen starken Baumpfahl

durch, der an der Straße stand, und trugen den Esel auf der Achsel heim.
So weit kann's kommen, wenn man es allen Leuten will recht machen.

Was ist Euthanasie und welchen Stellenwert hat sie in unserer Gesellschaft?

Der Fachbegriff Euthanasie kommt aus dem Griechischen und setzt sich zusammen aus den Begriffen *Eu* und *Thanatos*, was soviel wie „guter Tod" bedeutet. Mit welchen Inhalten wir nun einen „guten Tod" füllen, was wir darunter verstehen, ist sicher nicht nur individuell unterschiedlich, sondern auch durch unsere Kultur und Gesellschaft geprägt.
Ein wenig erschrocken bin ich durch ein Gespräch mit einer verzweifelten Seminarteilnehmerin, die mich kürzlich unter Tränen fragte, ob man sein Tier – es ging um einen Hund – denn überhaupt noch auf natürlichem Weg, in seinem eigenen Rhythmus und Tempo an Altersschwäche sterben lassen dürfe ...
Das Umfeld traktiert sie derzeit mit gut gemeinten Ermahnungen: „Lass ihn nicht lange leiden, das hat er nicht verdient!", „Verpass bloß nicht den richtigen Zeitpunkt!"
Ich denke, jedes Lebewesen hat ein Recht auf Abschied, auf würdevolles Sterben in seinem eigenen Rhythmus.
Alles hat seine Zeit. Zu früh? Zu spät? Überhaupt den Tod mit Medikamenten oder Waffe beschleunigen?
Machen wir uns noch einmal bewusst, dass sich auch in freier Wildbahn ein Pferd seltenst zum Sterben hinlegt und einschläft. Wird es schwach oder krank, kommen die Raubtiere ... kann man also überhaupt das spirituelle Wissen um Sterbeenergetik „einfach so" auf unsere Tiere übertragen?
Ein Großteil der Diskussion um den fast schon magisch glori-

fizierten sogenannten richtigen Zeitpunkt bezieht sich auf den Alterstod oder unheilbare, langsam fortschreitende Krankheiten.

Hier sorgt letztlich schon der Körper für sich: Es werden jede Menge Amphetamine und Endorphine ausgeschüttet, die benebeln und schmerzunempfindlich machen.

Was aber ist mit Koliken und ihren Komplikationen, mit Lahmheiten, Knochenbrüchen, tragischen Unfällen – mit unstillbarem Schmerz?

Leiden kann und soll der Mensch in jedem Fall lindern, das ist auch im Tierschutzgesetz verankert.

Töten allerdings will immer wohlüberlegt sein, auch wenn es aus „humanen Gründen" geschieht. Diese Entscheidung können wir, einmal vollzogen, nicht mehr rückgängig machen.

Doch schauen wir uns vor der ethischen Diskussion und der Frage nach möglichen Alternativen einmal an, was genau dabei geschieht.

In der Regel wird unter Euthanasie die Tötung durch Injektion seitens des Tierarztes verstanden.

Die Tötung durch Bolzenschuss übernimmt der Schlachter.

Ob und inwieweit der Kadaver verwertet wird, entscheidet der Tierbesitzer bereits im Vorfeld durch die Festlegung der Nutzung und Eintragung als „Schlachttier" oder nicht im Equidenpass.

Helga Schloemer aus Kirchheim ist seit über zwanzig Jahren praktizierende Tierärztin und beschreibt hier ihren persönlichen Weg mit der Euthanasie von Pferden und was sie dabei in vielen Jahren der Praxis und als Trakehnerzüchterin an Erfahrungen gewonnen hat: *„Als fertige Tierärztin drückte ich mich lange davor, Pferde auf ihrem letzten Weg zu begleiten und sie einzuschläfern. Ich schickte immer meinen Mann los, weil ich mich den Pferden emotional zu stark verbunden fühlte. Erst als*

Pferde, die ich sehr lange tierärztlich betreut hatte, ihr Leben auch als Rentner nicht mehr genießen konnten, habe ich sie selber euthanasiert, weil ich ihre Besitzer und meine Patienten nicht mehr alleinelassen wollte.

Man kann bei Pferden, genau wie bei anderen Tieren auch, an ihren Augen sehen ob sie noch leben wollen. Ich empfinde es als Gnade, als Veterinär in diesem Moment helfen zu dürfen.

Hatte ich eine starke Beziehung zu meinem Tier, wird es mich wieder in seinem nächsten Leben begleiten wollen. Ich glaube, dass mein erstes selbstgezogenes Pferd schon mal als kleiner schwarzer Dackelmischling an meiner Seite war."

Schon als junge Frau wurde Helga Schloemer mit dem plötzlichen und tragischen Tod von zwei geliebten Pferden konfrontiert:

Abschied von Carola, ihrem Hengstfohlen und Kamagan

„Es muss etwa 1980 gewesen sein, ich studierte im dritten Semester in Berlin Tiermedizin. Meine Mutter hatte in der Nähe von Würzburg eine Trakehner-Stute namens „Carla 2780" in der Zucht. Ich liebte diese Stute, ich nannte sie Carola, abgöttisch – in ihren Augen spiegelte sich unsere Seele wieder. Es war Anfang Mai, der Abfohltermin von Carola stand an. Für mich stand Biochemie auf dem Plan. Während der Biochemie-Vorlesung bekam ich plötzlich Herzklopfen und wusste intuitiv, dass ich noch heute von Berlin nach Würzburg zurück musste – Carola wollte mich bei sich haben.

Ich kam abends bei ihr an, sie war schon dabei zu fohlen. Ich konnte ihr noch helfen, das Fohlen trocken zu reiben. Ein herbeigerufener Tierarzt impfte das Fohlen gegen Fohlenlähme. Auf meine Bitte, den Geburtskanal der Stute näher zu untersuchen, ging er nicht ein. In der Nacht hörte ich die Stute öfters rufen. Morgens gegen fünf Uhr ging ich beunruhigt nach ihr gucken. In dem

Moment, als ich ihren Laufstall betrat, schrie Carola herzerschütternd und fiel um, sie war nach innen verblutet.
Dem jungen Hengstfohlen ging es auch nicht gut, er hatte zu wenig Milch bekommen. Wir fuhren mit einem Audi in die nächste Tierklinik. Ich hatte das Fohlen neben mir auf dem Rücksitz, den Kopf auf meinem Schoß.
Er starb auf dem Weg in die Klinik an Hypoglykämie (Unterzuckerung). Ich konnte beiden nicht helfen, aber ich war bei ihnen. Meine Stute wusste, was auf sie zukam. Trotz alledem war ich im Nachhinein froh, auf ihren Hilferuf reagiert zu haben.
In diesem Fall habe ich sehr lange gebraucht, das alles zu verarbeiten.
Im Lauf der Zeit habe ich gelernt, im Moment des Todes selbst ganz ruhig zu werden, dann kann man von der ewigen Ruhe, die das Tier in diesem Moment findet, etwas spüren und findet dadurch schon einen ersten Trost. Wenn ich mein Tier wirklich liebe, gibt mir die Kraft dieser Liebe auch die Stärke, es im richtigen Moment loszulassen.
Als Trost bleibt mir nur zu sagen, dass man nicht immer getrennt ist – man findet sich wieder – auf welcher Ebene auch immer.“

Kamagan war ein dreizehnjähriger Trakehner-Schimmel von Helga Schloemer, der etwa zwei Jahre später, Anfang der achtziger Jahre starb.
„Auch Kamagan war ein Pferd, mit dem ich eine besondere Verbindung aufgebaut hatte. Er gehörte ebenfalls meiner Mutter. Er wurde von einer Stute auf der Weide unglücklich geschlagen. Mein Bruder und ich fuhren mit ihm in die Klinik zum Röntgen. Er hatte im rechten Ellbogengelenk eine Fraktur. Es war aussichtslos. Ich weiß nicht warum – aber wir wurden mit ihm zum nächsten Pferdeschlachthof geschickt. Damals war Einschläfern von Pferden auch noch relativ selten.

Meine Mutter hatte uns immer beigebracht, dass man sein Pferd auch in diesem Moment nicht allein lässt, sondern mit ihm zusammen hinfährt und es auch hält, bis es geschossen ist. Nur so kann man verhindern, dass es doch noch weiterverkauft wird oder auf einen Schlachtpferdetransport geschickt wird. Es ging Gott sei Dank ganz schnell, dass er von seinem Schmerz befreit war. Trotzdem muss ich im Nachhinein sagen, dass der Anblick des vielen Blutes nichts für zart besaitete Seelen ist. Auch ich als zukünftige Tierärztin hatte Probleme damit. Für das Pferd selbst ist unter oben genannten Bedingungen kaum ein Unterschied zum Einschläfern."

Der Gedanke an Pferdefleisch ruft bei vielen Pferdefreunden eher gemischte Gefühle hervor. Bilder von Notzeiten oder von Tiertransporten kommen hoch. Die Branche ist entsprechend auf ihren Ruf bedacht und bemüht, gegen Gerüchte und Vorurteile anzuarbeiten. Das Ziel heißt daher nicht nur gute Fleischqualität, sondern auch die schonende Behandlung von Tier und begleitendem Menschen. Das private Schlachtpferd hat eine Sonderstellung unter den Nutztieren: Welche Kuh, welches Schwein, welches andere Tier, dass auf dem Teller landen soll, wird wohl unter Tränen auf dem Schlachthof verabschiedet? Hier haben es die Metzger direkt und persönlich mit dem Pferdehalter zu tun, der ihnen ein geliebtes Tier übergibt. Die sensible Begleitung von Tier und Mensch erfordert viel Einfühlungsvermögen. Und viele Tierhalter sind angenehm überrascht.
Geschlachtet werden in Deutschland pro Jahr etwa fünfzehn- bis siebzehntausend Pferde – das sind gut viertausend Tonnen Pferdefleisch. Meist sind es kleinere Familienbetriebe, die sich auf dieses Gebiet spezialisiert haben.

Carla Zimmerer hat während ihrer Ausbildung zur Tierarzthelferin ein Praktikum im Schlachthof absolviert und zieht seither den Bolzenschuss sogar der Spritze vor. Hier berichtet sie uns von ihren Erlebnissen.

„Insgesamt empfand ich vielleicht mehr Belastung beim Einschläfern, bedingt durch die stärkere Emotionalität, die Besitzer oder Reitbeteiligungen waren anwesend. Im Schlachthof ist es eben Routine. Die Art und Weise wie mit den Pferden verfahren wurde war von Ruhe geprägt. Die zwei Helfer des Schlachters mussten Boxen herrichten, in denen die Pferde vor der Tötung bis zu 48 Stunden verbrachten. Ein wenig Ruhe bekommen nach einem vielleicht längeren Transport, Futter aufnehmen und eventuell, ganz selten, ausgewählt werden, den Besitzer lebend zu wechseln. (Ich habe nur wenige Pferde den Hof wieder lebend verlassen sehen. Es waren Händlerpferde, die einfach mehr Wert waren als Schlachtpreis und „Glück" hatten. Dass Pferde verkauft werden ist nur erlaubt, wenn der Besitzer sein Okay gibt. Bei Händlerpferden hatte der Schlachter nach meiner Beobachtung freie Hand, wobei ich mit ihm darüber nie gesprochen habe. Ich weiß, dass immer dann, wenn getötete Pferde nicht abgehäutet oder verwertet werden sollten, sich bei diesem Schlachter daran gehalten wurde. Der Saria-Lastwagen kam dazu auf den Hof, es gab einen Kettenzug und ich bin mir ganz sicher, dass diese Tiere in der Verbrennung endeten. Auch wenn in Kliniken eingeschläfert wird, nach stationären Behandlungen, gehen die Körper ganz sicher in die Verbrennung.)

Die Pferde kamen im Innenhof der Schlachterei vom Transporter des Pferdehändlers. Oft auch fuhr der Chef selbst los, wenn ein Pferdebesitzer anrief. Zum Aufladen war ich nur einmal mit. Der erst siebenjährige Wallach war sehr nervös, am Wochenende zuvor riss ihm auf einem Turnier eine Sehne. Er schien aufgewühlt und aufgebracht, völlig erschüttert zu sein. Er war

schwer zu handhaben und fand auch aufgestallt am Schlachthof nicht zur Ruhe. Er wehrte sich gegen diesen Gang. Ich habe mir nur noch gewünscht, er möge stillhalten. Dann fiel er.
Für die Schlachtung wurden die Pferde in das Schlachthaus geführt, ein großes Tor öffnete sich, dahinter ein großer Raum mit einer Box aus Stahlrohren für Rinder. Der Boden fällt zur Raummitte hin ab, hier befindet sich ein Abfluss, darüber an der Decke starke Stahlträger mit diversen Ketten die nach der Schlachtung benötigt werden. In der Regel wurden die Pferde einfach hineingeführt und bekamen den Bolzenschuss, ohne dass irgendwelche ängstigenden Zwangsmaßnahmen durchgeführt werden mussten.
Eine siebzehnjährige Islandstute wurde von ihren Besitzern gebracht, die bis zum Schluss bei ihr blieben. Die Besitzer hatten sich gegen das Einschläfern entschieden und durch Medikamentengaben war dieses Pferd auch nicht für den menschlichen Verzehr geeignet. Dieses Pferd strahlte eine unheimliche Ruhe aus, nach dem Ausladen führte der Besitzer sie in den Hof und sie blickte sich nicht um, der Blick war aber auch nicht stumpf oder tot. Es ist schwer in Worte zu fassen, aber dieses Pferd war mit dem Weg ganz einverstanden. Nur etwa 20 Minuten später wurde sie erlöst, 10 Jahre mit Ekzem und Dämpfigkeit in Deutschland nach dem Import waren vorbei.
Ich sah eine Zuchtstute von 16 Jahren, die nicht mehr aufgenommen hatte und so dem Züchter ein unnützer Fresser wurde. Sie war nie angeritten worden und bestand nur aus einem wertvollen Papier, das nun nicht mehr zählte. Ich glaube, sie war einfach stumpf und ihr Leben war nur auf ihre Fohlen ausgerichtet. Für sie gab es keine Alternative, sie strahlte es sogar aus.
Was mir noch schwerer fiel mit anzusehen, als das Töten von kranken, alten und verletzten Pferden, war die Tötung von Fohlen. Ich hätte keine Rücksicht auf meine Emotionen genommen, doch bei diesem Vorgang blieb mir die Halle verschlossen. Es waren Haflinger, ein Sechserpack kleiner Hengste, die völlig arglos und neugierig waren.

Das Einschläfern war ehrlich gesagt meist schlimmer als das, was ich beim Schlachter gesehen habe. Ich möchte nicht, dass meinem Pferd die Kanüle falsch gesetzt wird, die Schmerzen eines Betäubungsmittels, das neben dem Blutgefäß das Gewebe infiltriert, müssen höllisch sein. Ich habe eigentlich keinen Fall erlebt, der vergleichbar mit der Schlachtung unkompliziert gewesen wäre. Im besten Fall für das Pferd wird bei der Einschläferung die Narkose sehr gut gemacht, so dass es wirklich nichts spürt.

Einmal war es friedlich, ein kleines Schimmelpony stand in seiner Box, daheim im eigenen Stall. Es hatte eine Kolik-Operation hinter sich und war erst einen Tag wieder zu Hause, als es wieder losging. Krämpfe, Schmerzen, Unruhe, Schwitzen. Es war sofort beschlossene Sache, der Kleine bekam höchste Dosen Schmerzmittel, die ganze Familie inklusive Kinder muss sich an diesem Morgen von ihm verabschiedet haben. Als wir ankamen, war nur der Familienvater da und die Atmosphäre war friedlich. Der kleine Kerl schaute raus während wir an ihm hantierten und legte sich gleich mit einem Seufzer ab. Das werde ich niemals vergessen.

Unterwegs mit einer Tierärztin bekam ich weitere Euthanasien zu sehen. Bei dreien handelte es sich um alte, kranke Pferde, die müde waren und bereit zu gehen. Ein Hannoveraner-Wallach vom alten Schlag mit kräftigem Gebäude wirkte auf den ersten Blick nicht krank, nur der Blick in seine Augen, die gelb verfärbten Schleimhäute, zeigten sein Leberversagen an. Er wirkte sehr traurig, aber sehr ruhig und ich hatte den Eindruck, dass er zwar abgeschlossen hatte, doch am Leben hing. Er setzte sich wie ein Hund ins Stroh, kippte dann zur Seite, kein plötzliches Fallen wie sonst. Ich hätte ihn gern im Leben gekannt, schoss es mir da durch den Kopf. Im nächsten Moment flogen einige Schwalben aus dieser Scheune aus und die Besitzer nutzten dies ebenso wie ich, um den Blick von ihm zu lösen. Die zweite Spritze erübrigte sich, er hatte schon der Narkose nicht standgehalten. Ein anderes Mal wurden wir zu einem Pony gerufen, das bereits im Paddock lag. Obwohl es Futterzeit war, wollte es nicht mehr aufstehen, mit sechsunddreißig Jahren hatte es sich entschlossen zu sterben und die Besitzerin, eine kleine Frau über sechzig, stand da, mit Tränen in den Augen. Sie sagte, Jökki müsse jetzt geholfen werden. Er war einfach altersschwach und schlief sanft ein. Ich weiß nicht warum ich dabei immer recht ruhig blieb, im Endeffekt ist Gewöhnung eine unbefriedigende Erklärung, klingt es doch nach Abstumpfung. Es ist das Akzeptieren der Tatsache, dass ein Helfer nicht Entscheidungsträger ist, dass ein Helfer helfen sollte, auch dem Tier.“

Spritze versus Bolzenschuss

Nach den Umfrageergebnissen einer deutschen Pferdezeitschrift haben etwa zweiunddreißig Prozent der Halter ihr Pferd als Schlachtpferd deklariert, achtundsechzig Prozent haben ihren vierbeinigen Gefährten als „nicht zur Schlachtung bestimmtes Pferd“ registriert.

Beide Möglichkeiten der Tiertötung haben Vor- wie Nachteile. Ziel ist in beiden Fällen ein Erlösen von Leiden, Schmerzfreiheit, die anders nicht mehr herzustellen ist. Falsch oder unsachgemäß angewendet, kann es zum krassen Gegenteil kommen, das Leiden sogar verschlimmert werden.

Letztlich kann nur jeder Tierbesitzer für sich ganz allein (beziehungsweise gemeinsam mit den Menschen, die ebenfalls eine enge Bindung zu diesem Pferd haben) entscheiden, ob und welche Methode für ihn und sein Tier die passende ist: Wie kommt Ihr Pferd mit Verladen, fremden Menschen etc. klar oder hat es umgekehrt eher Probleme mit dem Tierarzt?

Schlachten?

Während wir als Pferdebesitzer früher auch erst zum Lebensende unseres Tieres hin die Entscheidung fällen durften, wo die letzte Reise enden soll, muss dies seit Einführung des Equidenpasses schon mit der Übernahme eines Pferdes geschehen.

Schlachttier oder nicht?

Nur ein Schlachttier geht im wörtlichen Sinn „in die Wurst", wird also für den menschlichen Verzehr freigegeben oder zu Tierfutter verarbeitet. Dann dürfen jedoch schon zu Lebzeiten bestimmte Medikamente nicht – oder nur mit Wartezeit – verabreicht werden. Solche Medikamentengaben müssen seitens des Tierarztes zu Prüfzwecken genau im Equidenpass festgehalten werden.

Sie müssen ein Bestands- oder Stallbuch führen, in dem alle Behandlungen mit verschreibungspflichtigen Medikamenten aufgeführt und die Tierarztbelege abgeheftet sind. Aber: Diese Entscheidung können Sie jederzeit revidieren, auch bei Besitzerwechsel. Den Passus „Schlachttier" streichen lassen können Sie nur unwiderruflich. Dies kann nie rückgängig gemacht werden, auch nicht bei Besitzerwechsel!

Ist Ihr Pferd als Nicht-Schlachttier endgültig festgelegt, muss der Tierarzt mit der Tötung einverstanden sein, das heißt, es muss ein tierschutzrechtlich dringender Grund vorliegen (Dem Schlachter können Sie zur Lebensmittelgewinnung ja theoretisch auch ein gesundes Tier verkaufen).

Das Pferd darf ohne Einschränkung mit allen Medikamenten behandelt werden und sowohl Sie als auch der Tierarzt haben weniger bürokratischen Aufwand (Stallbuch, Belege, Einträge im Equidenpass). Für Euthanasierung und Entsorgung des Körpers fallen Kosten an – beim Schlachter gibt es noch ein paar Cent für das Kilo Fleisch. Sie können Ihr Pferd immer noch per Bolzenschuss durch einen Schlachter töten lassen, nur darf es eben nicht als Lebensmittel dienen.

Auch einen Gedanken wert: Wer per Bolzenschuss und Ausblutung töten lassen möchte, kommt meist nicht umhin, zum Schlachter zu fahren, selbst für den Transport zu sorgen. Der

Tierarzt kommt immer zu Ihnen auf den Hof oder in den Stall, beim Pferdemetzger ist das die rühmliche Ausnahme. Gut beraten sind Sie daher, wenn Sie bereits zu Lebzeiten als mögliche Alternative Kontakt zu einem Pferdemetzger oder Schlachter knüpfen, der im Notfall zu Ihnen in den Stall oder auf die Weide kommt – egal ob er das Fleisch weiter verwerten darf oder Sie anschließend die Tierkörperverwertung rufen.

Damit Sie Ihre Entscheidung für oder wider Spritze versus Bolzenschuss gut informiert treffen können, müssen wir uns auch anschauen, was im Einzelnen dabei geschieht, was Risiken, Vor- und Nachteile sind oder sein können. Infomationen zurückzuhalten finde ich dabei nicht besonders konstruktiv. Atmen Sie also tief durch, wir gehen weiter ins Detail:

Abschied von Blitz

„Wir hatten fünf Pferde; die Stuten Gipsy mit Tochter Curly June und Naima, die Wallache Kenny und Blitz. Blitz war das Omega-Pferd der Herde, aber ein Freund von Kenny und ein guter Gefährte von Curly .

Blitz hatte ganz schlimm Arthrose und wir versuchten mit Schmerzmitteln, ihm ein noch angenehmes Leben zu ermöglichen. (Die fünf Pferde sind auf drei Personen aufgeteilt.) Wir haben aber immer gesagt, wenn es schlimmer wird mit Blitz, dann würden wir ihn erlösen lassen.

Leider war es im Oktober 2005 dann soweit .Curly war zu der Zeit gerade vier Monate alt.

Wir haben uns ganz bewusst dafür entschieden, Blitz auf der Koppel im Beisein von uns drei Frauen und allen Pferden erlösen zu lassen.

Die Tierärztin, die das gemacht hat, ist eine gute Freundin und hat mit sehr viel Feingefühl agiert. Als Blitz seine Spritzen bekam,

standen alle Pferde um ihn herum und haben Abschied genommen. Als Blitz dann lag und erlöst war, ging Kenny zu ihm und hat ihn am ganzen Körper mit seinem Mund berührt und dann sein ganz schlimmes Bein bestimmt zwanzig Minuten geleckt. Curly ist zu Blitz und hat ihn aufgefordert aufzustehen und mit ihr zu spielen. Die beiden Stuten standen in unmittelbarer Nähe und haben gegrast.
Blitz wurde zwei Stunden später abgeholt und die Pferde haben da noch zugesehen. Drei bis vier Tage waren sie etwas stiller als sonst, aber sie haben es verstanden.
Es war für die Pferde und für Blitz sehr gut so. Ich würde es jederzeit wieder so machen.“

Ursula Rehm, Schotten

Abschied von Spanish

„Ich habe mein Pferd durch Bolzenschuss und Schlachtung töten lassen. Mein Wallach Spanish ist elf Jahre alt geworden. Es fing alles ganz harmlos damit an, dass er unregelmäßig immer mal wieder getickert hat, leichte Lahmheiten zeigte, die wieder verschwanden.
Die erste tierärztliche Untersuchung im Sommer mutmaßte: eventuell vertreten. Im Herbst ein anderer Tierarzt: vielleicht eine Hufbeinprellung – Boxenruhe, Schmerzmittel. Termin zur Abspritzuntersuchung, um Genaueres festzustellen vierzehn Tage später. Ja, wahrscheinlich Hufbeinprellung. Meine Frage an den Tierarzt: Wollen Sie denn nicht röntgen? Nein. Weitere drei Wochen Box. Mittlerweile hatte ich ein völlig ungutes Gefühl und machte einen Termin in einer Tierklinik in Königslutter aus. Diagnose: Hufrollensyndrom – gleich durch zwei Röntgenaufnahmen deutlich zu sehen. Das hieß, in monatlichem Abstand Injektionen ins Gelenk, Boxenruhe und zwanzig Minuten Schritt reiten pro Tag – möglichst geradeaus – der Boden nicht zu hart und nicht zu weich

– Spezialbeschlag – Medikamente täglich. Das ging dreieinhalb Monate gut. Dann wurden wir beide immer panischer, es zehrte physisch und psychisch an unseren Kräften. Spanish wollte sich bewegen, denn alle anderen Pferde und Reiter galoppierten ja auch dicht an uns vorbei. Nur Streit, weil ich für zwanzig Minuten den ersten Hufschlag für uns allein brauchte. Immer musste ich ihn zurückhalten. Er wurde immer unsicherer und gnatziger anderen Pferden gegenüber. Ich wurde als rücksichtslos dargestellt. Er fing an zu steigen und unkontrollierbar zu werden. Schließlich habe ich mich nicht mehr rauf getraut. Bach-Blüten haben uns geholfen. Das Weiße in seinen Augen verschwand und bei mir die Panik, wenn ich das Weiße in seinen Augen sah. Dann kam der Sommer, über die Weidesaison lief alles super, er war schmerzfrei und lahmfrei, benötigte nicht mal mehr die Spezialeisen. Ich glaubte – wir haben es geschafft. Doch mit dem nächsten Herbst und der Einstallung kam der Albtraum zurück. In der Zwischenzeit hatten wir für unsere Pferde einen Offenstall eingerichtet, aber es dauerte keine zwei Wochen und alles war wieder da: Diesmal beide Beine. Wir standen vor der Alternative Nervenschnitt oder nicht. Ich habe lange überlegt und die Entscheidung ist mir weiß Gott nicht leicht gefallen. Aber es wäre über unser beider Kräfte gegangen. Die Aussicht, ihn nach der Operation wieder einen Winter lang nur minutenweise aus der Box lassenzu dürfen, die Unab-wägbarkeit, ob der Schnitt halten würde oder die Symptome doch zurückkehrten ... Ein Pferd muss doch laufen können! Ihn weggeben als Beistellpferd? Das kam für uns nicht infrage, weil Spanish total auf mich bezogen war, er hätte eine Trennung nicht verstanden. Die Entscheidung zur Schlachtung war für mich kein Problem. Der Gedanke an den stinkenden Kadaverwagen ist für mich viel schrecklicher. Lieber sollten sie aus ihm die weltbeste Wurst machen, als ihn zu Tiermehl zu verarbeiten. Das hat er nicht verdient.

Die Schlachtung selbst war tatsächlich so etwas wie eine schöne Erfahrung. Ich hatte uns anderthalb Wochen Vorlauf gegeben. Es war Zeit, die wir täglich, ganze Tage lang miteinander verbrachten. Auch Zeit, noch mal zu reflektieren, zu überlegen, ob die Entscheidung richtig war und hielt. Vom Geld, das wir für die Schlachtung erwarteten, habe ich im Vorfeld noch Platten gekauft, die ich in den Auslauf legte, so dass er leichter laufen konnte und einen schönen Boden hatte. Wir haben viel geschmust, viel geweint und gelacht. Als dann der Tag anbrach, sind wir ganz frühmorgens hingefahren, seinen alten Freund Snowy haben wir mitgenommen. Es hat gestürmt und geregnet. Auf dem Schlachthof angekommen, hat Snowy kurz prüfend die Nase rausgestreckt und gerochen. Es war in Ordnung für ihn. Ich führte Spanish den kurzen Weg aus dem Hänger in den Schlachtraum. Er wurde mir abgenommen und dann fiel er auch schon. Er war sofort bewusstlos. Es ging so schnell. Dafür bin ich dankbar. Mir war es sehr wichtig, dabei zu sein. Bis zum Schluss in seiner unmittelbaren Nähe. Snowy hat nicht einmal gewiehert. Ich hatte das ganz klare Gefühl, dass er es verstanden und gutgeheißen hat. Unsere Pferde haben sich auf ihre Art unterhalten, sie wussten Bescheid. Und ich habe auch im Vorfeld Zwiesprache mit ihm gehalten, über meine Zweifel, und dass ich glaube, im Himmel kann er fliegen.

Als wir drinnen die Papiere fertig machten und wieder heraus kamen, hatte es aufgehört zu regnen. Es war total friedlich, alles still. Trotzdem ist mir dieser Weg unendlich schwer gefallen.

Drei bis vier Tage nach seinem Tod hat mir eine Freundin die Karten gelegt, weil ich doch unruhig war und wissen wollte, was er für mich empfindet und wie er meine Entscheidung sah. Seine Antworten haben für mich den Frieden komplett gemacht. Ich glaube, jetzt hat er mehr Spaß. Einen Tag vor seinem Tod haben wir noch Fotos gemacht. Da sieht man seine und meine Qualen. Er hat nicht noch einen Winter unter Schmerzen in der Box stehen müssen. Nach seinem Tod fühlte ich mich erleichtert. Das ist kein

Gefühl, für das man sich schämen muss. Für uns gab es keine vernünftige Alternative. Ich bin Krankenschwester von Beruf. Das ewige Herauszögern und Therapieren und am Ende doch sterben finde ich furchtbarer. Man muss bei einer solchen Entscheidung die ganze Situation mit einbeziehen, die Beweggründe erfragen. Es hilft nicht weiter, wenn jemand mit schlauen Sprüchen kommt, am besten hinterher. Die Besitzer und ihre Tiere müssen es ertragen, niemand sonst.

Ich habe mich bewusst gegen die Spritze entschieden, nachdem ich gelesen hatte, dass es sich manchmal so hinziehen kann, und wie gesagt, die Vorstellung von Tiermehl finde ich eklig. Warum das Fleisch auf den Mist werfen? Das ist doch Verschwendung, so wird er noch im Tod wertgeschätzt.

Natürlich bin ich sehr traurig, dass er nicht mehr da ist, ich vermisse ihn schrecklich. Aber meine Zweifel sind weg. Es ist gut so."

Susanne Nolte, Hannover

Ablauf der Euthanasie

Wenn sich bei Ihrem Pferd abzeichnet, dass eine Euthanasie ansteht, verabreden Sie sich zu einem Vorgespräch mit dem Tierarzt Ihres Vertrauens. Er oder sie wird zuerst die Gründe für den Tötungswunsch entsprechend dem Tierschutzgesetz hinterfragen, wenn es nicht ohnehin der behandelnde Haustierarzt ist, der Ihnen ein Einschläfern vielleicht selbst nahegelegt hat. Jemand, der Ihr Pferd schon lange behandelt und gut kennt, wird Sie auch auf dem letzten Weg am besten begleiten können. In der Vorbesprechung klären Sie die Umstände: Wer soll dabei sein, wo soll es geschehen und wie – und welche Ihrer Vorstellungen sind realistisch und umsetzbar ... Alle diese Formalitäten können Sie auch schon in gesunden Tagen Ihres Pferdes absprechen, so dass selbst bei einer Nottötung schon alles geklärt ist. Bedenken Sie: Sie

müssen sich auch Gedanken darüber machen, was im Anschluss mit dem Pferdekörper geschehen soll und wann er abgeholt werden soll.
Wenn es soweit ist, injiziert der Tierarzt dem Pferd intravenös entweder eine Narkosespritze oder erst ein Beruhigungsmittel (Sedierung) und dann die Narkose. Machen Sie sich mit dem Gedanken vertraut, dass Ihr Pferd **umfällt** und sich nicht langsam und kontrolliert ablegt. Sobald das Pferd liegt, wird der Tierarzt das Narkosemittel mit demselben Pentobarbitalpräparat (meist Eutha 77, Esconarkoren, Release oder Euthadorm) überdosieren oder ein Tötungsmittel (T 61) injizieren. Die Narkose macht das Pferd bewusstlos. Eine direkte Injektion eines Tötungsmittels nach der (oder gar ganz ohne!) Sedierung ist aus Tierschutzgründen verboten! Dennoch gibt es leider immer wieder Fälle, die von dieser unzulässigen Vorgehensweise berichten, und die das Mittel T 61 nach Auskunft von verantwortungsvollen Tierärzten, zu Unrecht in falsches Licht rücken. Richtig angewendet, in Kombination mit der Narkose, schläft das Pferd wörtlich in den Herz- und Atemstillstand hinüber. Von einem Narkosemittel wie Eutha 77 sind dafür in der Regel gut hundert Milliliter, manchmal aber auch zweihundert nötig. Vom Einschlafen bis zum Tod können ein paar Minuten vergehen. T 61, richtig eingesetzt, wirkt noch zuverlässiger innerhalb von Sekunden, und man benötigt deutlich weniger. Fragen Sie Ihren Tierarzt ruhig im Vorfeld, warum und wie er welches Mittel oder Kombination aus beidem einsetzt, und diskutieren Sie im Zweifel. Lassen Sie sich nicht abwimmeln. Es geht um Ihr Pferd und ein gutes Ende. Das hat es verdient. Ohne Betäubung und Vollnarkose einzuschläfern, ist nicht erlaubt. Das Pferd würde Atem- und Herzlähmung bei vollem Bewusstsein ertragen müssen.
Der Tierarzt muss verpflichtend dabeibleiben, bis Atmung und Herzschlag zum Erliegen kommen. Wenn der Tod fest-

gestellt ist, zieht er sich – nach Absprache – dann still zurück. Bis der Transporter von der Tierkörperverwertung kommt, können Sie es so einrichten, dass Herdenmitglieder und Freunde Abschied vom toten Körper nehmen können. Der Pferdekörper sollte auch von Rechts wegen so liegen, dass sich niemand unerwartet mit einem Kadaver konfrontiert sieht und so, dass der LKW von der Tierkörperverwertung dicht heranfahren kann.

Achtung: Hufeisen und andere Beschlagsformen müssen Sie vorher entfernen!

Der Transporter des Tierkörperbeseitigungsunternehmens zieht das Pferd mit einer Zugmaschine/Kran (oft Kette um die Fußgelenke) an Bord. Machen Sie sich im Vorfeld Gedanken, ob Sie diesen Anblick ertragen können oder bitten Sie jemanden aus Ihrem Bekanntenkreis, dabeizubleiben. Ihr Pferd ist nicht das einzige tote Tier in diesem LKW. Neben Pferden werden Sie hier auch tote Schweine, Schafe, Rinder ... zu Gesicht bekommen.

Risiko: Dass Narkosemittel oder Sedierung nicht sofort oder paradox wirken (kann passieren, wenn das Tier sehr aufgeregt ist), oder die Kanüle durch Abwehrbewegungen des Tieres zu früh aus der Vene rutscht (zu geringe Dosis). Arbeiten Sie daher grundsätzlich mit dem Tierarzt Ihres Vertrauens zusammen, den Ihr Tier auch schon kennt. Sorgen Sie für eine ruhige Umgebung.

Vorteil: Sie bestimmen Zeit, Ort, Umfeld, können mit Räucherwerk, Kerzen oder Blumen eine Atmosphäre schaffen, die Ihnen beiden hilft, eine letzte Mahlzeit mit Leckereien anbieten, andere vertraute Pferde oder Menschen dabei sein lassen. Atmosphäre und beteiligte Personen (Haustierarzt) sind vertraut. Es kann zu Hause geschehen. Sie können sich für diese Art der Tötung entscheiden, auch wenn Ihr Pferd kopfscheu ist.

Nachteil: Wenn Ihr Pferd absolut keinen Tierarzt an sich her-

anlässt, sollten Sie einen Veterinär suchen, der in akuten Notsituationen auch auf Distanz mit Blasrohr betäubt oder Alternativen in Erwägung ziehen.
Kosten: Tierarzt ca. 100 bis 200 Euro (plus Anfahrt)
Tierkörperverwertung anteilig für den Tierbesitzer, unterschiedlich je nach Bundesland, liegt in Deutschland zwischen 20 und 30 Euro für ein Pony, 30 bis 40 Euro für ein Pferd, manchmal auch geringer. In Niedersachsen ist der Halteranteil meist durch die Tierseuchenkasse sogar bereits gedeckt.

Tierärztin Helga Schloemer gibt darüberhinaus folgende Tipps:
„Zuerst sollte man als Tierarzt dem geschockten Besitzer sein ehrliches Mitgefühl zeigen und dann in aller Ruhe die Vorgehensweise erklären. Für die Euthanasie muss ein Platz gesucht werden, an den der LKW möglichst dicht ranfahren kann. Natürlich soll der Platz an dem das Pferd zu liegen kommt, weich sein, das heißt Grasboden oder mit Stroh gepolstert werden. Eine Bezugsperson sollte bei dem Pferd sein, während der Tierarzt ein Betäubungsmittel in Überdosis in die Vene spritzt. Auch wenn die Trauer und die Angst bei dem Besitzer in diesem Moment riesig ist, sollte er seinem Pferd Ruhe geben und nicht weinen oder schreien. Das erschwert seinem Partner den Abschied enorm.
Ein ruhiges Gespräch über das, was auf der ewigen Weide auf seinen Freund zukommt, ist viel besser. Auch der Tierarzt steht unter seelischem Druck. Euthanasie sollte nie zu einer Routinebehandlung werden.“

Ablauf beim Bolzenschuss

Im Idealfall: Sie fahren in Begleitung einer weiteren Vertrauensperson mit dem Pferd im eigenen Anhänger auf den Schlachthof, den Sie bewusst ausgewählt haben, weil er für seinen pferdefreundlichen Umgang bekannt ist. Zu Hause haben Sie bereits in aller Ruhe Abschied genommen (Ersparen Sie Ihrem Tier unnötigen Stress dadurch, dass es von fremden Personen in fremdem Fahrzeug abgeholt wird, oder fahren Sie dann zumindest mit. Begleiten Sie Ihr Pferd persönlich auf seinem letzten Gang, lassen Sie es nicht allein, wenn Sie keinen zwingenden Grund haben – das wird oft im Nachhinein bereut!

Der Schlachter muss den Equidenpass und Besitznachweis sehen, unabhängig davon, wie Sie weiter verfahren wollen.

Sie laden ab und verabschieden sich, bleiben ein paar Schritte zurück. Der Schlachter und ein Gehilfe nehmen Ihnen direkt das Pferd ab, führen es wenige Meter vom Hänger weg ins Schlachtgebäude, geben ein Leckerli und setzen zeitgleich den Bolzenschussapparat zur Betäubung auf. Dabei wird ein zehn Zentimeter langer Stahlstift in das Gehirn des Pferdes geschossen, das innerhalb von Sekundenbruchteilen bewusstlos zusammenbricht.

Der Bolzenschuss löst eine zweifache Betäubungswirkung aus. In einer veterinärmedizinischen Dissertation liest sich das so: *„Der Aufschlag des Bolzens auf dem Stirnbein bewirkt eine Gehirnerschütterung, die mit einer kurzzeitigen Bewusstlosigkeit verbunden ist. Das Eindringen des Bolzens verursacht im Gehirn umfangreiche Schäden. Hierdurch wird die Empfindungs- und Wahrnehmungsfähigkeit erheblich verringert. Wird dabei das Atemzentrum zerstört, kann die Bewusstlosigkeit irreversibel sein."*

(Johannsen, 2002)

Der eigentliche Tod wird durch Ausbluten verursacht. Dafür wird zwingend innerhalb der nächsten fünfzig bis sechzig Sekunden mit einem Messer in die Brust gestochen und eine der Schlagadern durchtrennt oder alternativ die Kehle durchschnitten. Das Pferd verliert sehr schnell zehn bis fünfzehn Liter Blut. Dadurch erst bricht das Herz-/

Kreislaufsystem zusammen und das Herz hört auf zu schlagen.
Bis zum Moment des Todes sollten Sie allein schon für Ihren eigenen Trauerprozess vor Ort bleiben. Außerdem können Sie so auch wirklich sicher sein, dass Ihr Tier gestorben ist (und nicht noch tagelang aufgestallt wurde, irgendwohin weiterverkauft oder in einen ausländischen Schlachtbetrieb transportiert wurde. Denn faktisch verkaufen Sie Ihr Pferd ja dem Schlachter – es ist dann sein Eigentum, was immer er unter Umständen damit macht).

- **Risiko:** Dass das Pferd noch vor dem Entblutungsschnitt oder während des Ausblutens wieder zu sich kommt. Trifft der Schlachter mit dem Bolzenschussgerät nicht richtig, kann er das Gehirn verfehlen. Die Folgen kann man sich ausmalen. In einigen Pro-Schlachtung-Veröffentlichungen heißt es, durch den Bolzenschuss würde das Gehirn irreparabel und vollständig zerstört – das ist sachlich leider nicht richtig.

Nach dem Ausbluten wird das Pferd zur weiteren Verarbeitung an Haken und Zugvorrichtung gehängt, in die entsprechenden Räumlichkeiten verbracht, wo es abgehäutet und nach der Fleischbeschau weiterverarbeitet wird.

- **Vorteil:** Wenn Ihr Pferd Tierärzte nicht leiden kann, sich aber leicht verladen lässt und keine Angst vor Fremden hat. Folgekosten entfallen. Der Tod tritt sehr schnell ein.
- **Nachteil**: Diese Tötungsart kommt nur in Frage, wenn Ihr Pferd sich stressfrei zum Schlachter transportieren lässt – oder Sie jemanden finden, der (für eine Nottötung) zu Ihnen nach Hause kommt. Sie haben keine Gelegenheit für ein langsames Abschiednehmen vor dem Betäubungsschuss und auch die Artgenossen Ihres Pferdes werden von einem leeren Pferdehänger überrumpelt und bekommen den toten Freund nicht mehr zu sehen. Es ist eine sehr blutige Angelegenheit.

- **Kosten:** Ein geschlachtetes Pferd wird weiterverwertet, sei es für den menschlichen Verzehr, als Hundefutter oder für die Raubtierfütterung. Für das Kilogramm Fleisch werden in deutschen Schlachtbetrieben derzeit ca. 30 bis 60 Cent (pro Kilo Lebendgewicht) bezahlt. Für ein Großpferd bekäme man entsprechend maximal 300 bis 400 Euro. Alter und Futterzustand spielen eine große Rolle bei der Beurteilung.
Die Gebühren für Tierkörperbeseitigung werden durch Landesrecht bestimmt, siehe unter Euthanasie auf S. 97.

Fazit: Welche Art der Tötung für Ihr Pferd die richtige ist, können nur Sie selbst (und zumindest indirekt Ihr Pferd) entscheiden. Es ist sicherlich auch von der Situation abhängig. In einer akuten Notsituation gilt im Zweifel vorrangig: Wer kann schneller da sein und handeln?
Beide Tötungsarten sind für das Tier im Idealfall schnell und schmerzlos, beide bergen – schlecht ausgeführt – Risiken. Einschläfern kann etwas länger dauern, ist aber für den Besitzer friedlicher und unblutig.
Beim Schlachten geht alles sehr schnell, das Ausbluten, also die eigentliche Tötung, ist kein Anblick für jedermann.

Erfahrene Tierärzte wie auch Pferdemetzger verstehen es, die Pferde zu beruhigen und entspannt zu töten. Was sich überträgt, ist eher die Anspannung des Besitzers auf sein Pferd. Oberstes Gebot ist also: Werden Sie nicht hysterisch, bleiben Sie ruhig. Und das schaffen Sie am besten, wenn Sie gewappnet, wenn Sie vorbereitet sind.
Pferdemetzger Werner Jausch aus Pattensen bringt das Wichtigste auf den Punkt: *„Mein Tipp für die Halter, die sich von Ihrem Pferd (auf welche Art auch immer) trennen: Sie sollten versuchen, mit ihren Pferden so umzugehen, wie diese es gewöhnt sind."*
Jan Schwanke, der eine Internetseite zum Thema Pferde-

schlachtung betreibt, ergänzt: *„Ich persönlich würde auf den Ankaufpreis weniger Wert legen, eine schonende Behandlung des Tieres wäre mir wichtiger. Man muss bedenken, dass Metzgereien mit individueller Rücksichtnahme auf Tier und Besitzer oft weniger effektiv arbeiten und daher keine hohen Preise zahlen können. Problematisch ist, dass die Ankaufpreise im Ausland oft wesentlich höher liegen. Dies liegt an der effektiveren Schlachtung am Fließband und den besseren Vermarktungsbedingungen für das Fleisch. Die Folge ist, dass Pferde eben oft zur Schlachtung ins Ausland gebracht werden."*

Noch einmal: Egal für welchen Weg Sie sich entscheiden, bleiben Sie, bis Ihr Tier wirklich tot ist. Nur so können Sie sicher sein, dass es nicht mehr leidet und sich bis zu seinem Ende sicher gefühlt hat. Verkaufen Sie Ihr Pferd nicht an *irgendeinen* Schlachter, um sich den Anblick zu ersparen oder ein paar Cent mehr herauszuholen. Gehen Sie den letzten Weg mit Ihrem Pferd zusammen.

Wenn Ihr Pferd vom Schlachter abgeholt wird, müssen Sie damit rechnen, dass es im Schlachthof unter Umständen noch tagelang aufgestallt und zwecks Fleischausbeute sogar gemästet wird.

Tipp: Machen Sie den Tierarzt oder Schlachter Ihres Vertrauens beizeiten – zu gesunden Lebzeiten Ihres Pferdes – ausfindig und führen Sie ausführliche Gespräche im Vorfeld, dann, wenn Sie noch nicht in Zugzwang und unter Zeitdruck stehen. Klären Sie Fragen wie: Wer kommt und wann? Mit welchen Wartezeiten müssen Sie unter Umständen rechnen? Wie wird vorgegangen? Was geschieht? Welche Mittel werden eingesetzt? Lassen Sie sich alles, was Sie interessiert nicht nur erklären, sondern auch demonstrieren: Schauen Sie sich ruhig einmal an, wie der Mensch auf Sie und Ihr Tier wirkt: Lassen Sie ihn „probehalber" kommen und beobachten Sie, wir

Ihr Pferd diesen Menschen findet. Und auch wenn es gruselig klingt, wenn Ihr Tierarzt die Vene bei Ihrem Pferd schon hundertmal gefunden hat, wenn der Schlachter Ihnen einmal gezeigt hat, wie er den (leeren) Bolzenschussapparat aufsetzt, können Sie vielleicht etwas beruhigter schlafen und all den Horrormeldungen und Spukgeschichten von ach so wohlmeinenden Stallgefährten leichter begegnen.

Alternativen

Einige tierschutzengagierte Schlachter kommen auch zu Ihnen auf den Hof. Es gibt Betriebe, die für Ihre Tierfreundlichkeit sogar mit einem Tierschutzpreis ausgezeichnet sind, sich in den Besitzer einfühlen und denen das Wohl der Pferde wirklich am Herzen liegt.

Dazu gehört auch die **(Not)tötung von Pferden** per Bolzenschuss und Ausblutung (formell: „Blutentzug“) **in deren vertrauter Umgebung**.

Wenn Sie diese Tötungsmethode bevorzugen, müssen Sie Ihr Tier deswegen nicht dem Schlachter überantworten und auch nicht der Fleischverwertung zustimmen. Auch Nicht-Schlachttiere dürfen vom Schlachter oder einem anderen Sachkundigen per Bolzenschuss/Blutentzug getötet werden. Dann kostet die Tötung natürlich etwas, denn dann ist es eine Dienstleistung und keine Schlachtung mehr.

Prinzipiell kann jeder nach theoretischer und praktischer Schulung den erforderlichen amtlichen Sachkundenachweis bei der zuständigen Veterinärbehörde erwerben. Wenn ein Pferd vor Ort im Stall oder auf der Weide geschossen oder per Bolzenschuss getötet werden soll, ist ein vorschriftsmäßiges Auffangen und Beseitigen des Blutes nach Seuchenhygienegesetz (es darf keinesfalls versickern – hier drohen hohe Strafen!!) unabdingbar.

Was passiert mit meinem toten Pferd?

Tierkörperbeseitigung

Dies ist sicher der häufigste „allerletzte“ Weg unserer Pferde und Ponys. Denn ein Begräbnis im eigenen Garten ist bei Pferden und Ponys zumindest in Europa so gut wie ausgeschlossen und generell verboten. Der Körper ist einfach zu groß und kaum eine Gemeinde oder Stadt wird hierzulande eine Ausnahmegenehmigung erteilen – wenn sie auch von Gesetzes wegen zumindest in der Theorie möglich ist.
Eine befreundete Tierärztin, die längere Zeit in den USA gearbeitet hat, berichtete mir, dort käme es durchaus vor, dass Besitzer eine Grube im Garten baggern lassen und dann den Tierarzt bitten, das Pferd beim Einschläfern doch bitte so zu positionieren, dass es dann auch gleich von selbst direkt hineinfällt ... Ob das nun pietätvoller ist?

Die Tierkörperbeseitigung bei uns wird geregelt durch eine europaweit geltende EU-Verordnung (EG) Nr. 1069/2009 des Europäischen Parlaments und des Rates vom 21. Oktober 2009 mit Hygienevorschriften für nicht für den menschlichen Verzehr bestimmte tierische Nebenprodukte und zur Aufhebung der Verordnung (EG) Nr. 1774/2002 (Verordnung über tierische Nebenprodukte). Sie teilt die Entsorgung/weitere Verarbeitung in drei Risikokategorien ein.
In Tierkörperbeseitigungsanstalten werden die Kadaver

- zerkleinert
- auf 133° C über 20 Minuten erhitzt
- bei 3 bar
- zu Tiermehl und Tierfett

verarbeitet.

Die Verordnung (EG) Nr. 1069/2009 sieht eine Unterteilung des beseitigungspflichtigen Materials in drei Kategorien vor:

Unter die **Kategorie 1** fällt

- Material der höchsten Risikostufe wie TSE-Tiere,
- Heimtiere, Wildtiere oder
- Nutztiere, die an Krankheiten starben oder deswegen getötet wurden, sowie Versuchstiere, denen verbotene Stoffe oder Chemikalien verabreicht wurden

Material der Kategorie 1 muss vollständig als Abfall entsorgt und abschließend verbrannt werden. Seit 2008 muss es im innereuropäischen Handel mit Glycerintriheptanoat (GTH) gekennzeichnet und in schwarzen Behältnissen transportiert werden.

Die **Kategorie 2** beinhaltet

- Getötete und gestorbene Tiere und tierische Nebenprodukte mit dem Risiko nicht übertragbarer Krankheiten, mit Rückständen von Medikamenten sowie bei der Schlachtung beanstandete Organe, die infektiös sein könnten. Tierische Nebenprodukte (beispielsweise Milch), importiertes und nicht ausreichend kontrolliertes Material

Diese Stoffe können nach Hygienisierung industriell genutzt in die Biogasanlage oder zur Kompostierung gebracht werden.

In die **Kategorie 3** fallen

- Schlachtabfälle von als genusstauglich beurteilten Tieren, Fische, Kadaver aus Wildunfällen
- Lebensmittel und Speiseabfälle.

Nach Erhitzung dürfen diese an Heimtiere verfüttert werden. Zudem ist die Weiterverarbeitung dieser Stoffe z.B. zu Schmierfetten, zur Kompostierung oder in Biogasanlagen möglich.

Achtung: Faktisch ist es so, dass je Bundesland in Deutschland ein, maximal zwei staatlich beauftragte Unternehmen tätig sind, die in ihre LKW Tiere der Kategorien 1 und 2 aufnehmen. Dadurch ist quasi alles an Bord „kontaminiert“ und

MUSS der Verbrennung zugeführt werden. Das gilt für alle Pferde und Ponys, die bei Ihnen zu Hause tot abgeholt werden, geht aber nicht „im Ganzen" vonstatten. Das Pferd wird, wie alle anderen Tierleichen oder Leichenteile auch, gehäutet, zerkleinert, abgekocht, und aufgespalten in feste Stoffe, Fette und Wasser. Das Wasser geht quasi zurück in die Natur, die Fette und Mehle dienen als Energieträger für die Verbrennung der Reststoffe. Überschüsse werden in verplombten LKWs in Verbrennungsanlagen von Stahlwerken oder ähnlichen Betrieben überführt, aber niemals als Futtermittel eingesetzt.

Das niedersächsische Ministerium für Ernährung, Landwirtschaft und Verbraucherschutz beantwortete am 16. 11. 2018 eine Anfrage über Nicht-Schlachtpferde in der Verwertung wie folgt: „Pferde, die auf anderem Wege zu Tode kamen als durch Schlachtung oder Tötung zum menschlichen Verzehr, einschließlich Tieren, die zum Zweck der Seuchenbekämpfung getötet werden, sind als Material der Kategorie 2 einzuordnen. Schlachtkörperteile und Teile von genusstauglichen Pferden, wenn sie aus wirtschaftlichen Gründen nicht zum menschlichen Verzehr verwendet werden, sowie nach den Gemeinschaftsvorschriften als untauglich zurückgewiesen wurden, jedoch keine Anzeichen auf Mensch oder Tier übertragbare Krankheiten aufwiesen, werden der Kategorie 3 zugeordnet."

Ob diese Verordnungen jedoch jederzeit und überall eingehalten werden, steht leider auf einem anderen Stern, wie die zahlreichen Ekelfleischskandale der vergangenen Jahre oder auch die Fälle von als Beistellern abgegebenen und verschwundenen Pferde nahelegen.

Die einzige Verwertung per Tierkörperbeseitigungsanstalt ist die Verbrennung, es findet keine andere Weiterverarbeitung statt.

Tierbestattung

Eine Alternative zur staatlichen Tierkörperbeseitigung, wenn auch vergleichsweise kostspielig, ist die Tierbestattung. Was sich bei Kleintieren immer mehr durchsetzt, wird auch bei Pferdebesitzern verstärkt zum Thema, zumal sich hartnäckig Gerüchte halten, dass Tieröle aus Tierkörperbeseitigungsanstalten eben doch in Hautcremes oder anderen Kosmetikprodukten der Industrie wieder auftauchen. Seit Februar 2017 ist es erlaubt, Pferde, Ponys und Esel in Deutschland einäschern zu lassen und im Herbst 2017 eröffnete das bundesweit erste Pferdekrematorium in Schwäbisch Hall und es gibt inzwischen einige Tierbestattungsunternehmen, die ihren Service auch für Großtiere anbieten. Dazu gehört auch meist das Einholen der für eine Einäscherung notwendigen Genehmigung beim zuständigen Veterinäramt (des Landkreises, in dem das Pferd verstorben ist).

Ausweichorte für die Einäscherung sind Holland, Belgien und die Schweiz – Achtung: nicht jeder Anbieter garantiert eine Verbrennung des Tierkörpers im Ganzen oder als einziges Tier in der Kremierungsanlage. Und auch die Abwicklung, Art und Weise von Abholung, Transport und Service variiert. Die meisten Tierbestatter verfügen über eigens für den Transport konstruierte Spezialfahrzeuge, in dem ein verstorbenes Pferd stehend oder liegend gelagert und in die Kremierungsanlage verbracht werden kann. *„Selbstverständlich einzeln und unversehrt – pfleglicher, würdevoller, einfühlsamer Umgang hat für uns oberste Priorität“*, erklärt ein Tierbestatter im persönlichen Gespräch. Achtzig bis hundert Pferde werden derzeit durch sein Institut jährlich eingeäschert. *„Die Tendenz ist rapide ansteigend.“* Noch am Todestag könne das Unternehmen nach Klientenwunsch den Körper abholen und ins niederländische Krematorium überführen, spätestens am nächsten Tag sei die

Asche – immerhin achtzehn bis dreißig Kilo beim Pferd – abholbereit.
Viele Institute bieten auch die Option, bei der Kremation anwesend zu sein und teilzunehmen. Fast wie bei einer Aussegnung im Humanbereich hat der Pferdehalter so die Möglichkeit, im Krematorium selbst, unmittelbar vor der Einäscherung von seinem liebevoll mit Blumen und Kerzen dekorierten Pferd Abschied zu nehmen. Erst dann wird der Ofen in Gang gesetzt. Vierzehn Stunden dauert die anschließende Verbrennung.
Die Preise der verschiedenen Anbieter variieren. Die Kosten für die komplette Abwicklung von der Abholung bis zur Verschickung der Urne mit der Post reichen von eintausendfünfhundert bis etwa viertausend Euro, je nach Entfernung kann noch Kilometerzuschlag dazu kommen. Am besten also, man legt schon zu Lebzeiten des geliebten Huftieres Geld für eine Einäscherung zurück und spart für diesen Zweck – wenn die Ausgaben fürs lebende Tier das überhaupt möglich machen. Manche Tierbestattungsunternehmen bieten sogar Fonds an.
Viele Tierhalter verstreuen die verbleibende Asche an Lieblingsplätzen, oder behalten sie in einer Urne, die sogar im eigenen Garten beerdigt werden kann. Auch exotische Varianten werden immer häufiger angefragt. Schmuckstücke aus mit Asche und Haaren gefüllten Anhängern scheinen mit ca. 130 Euro zu den preisgünstigsten Erinnerungsstücken zu gehören. Die US-amerikanische Firma Artful ashes arbeitet für 185 Dollar Asche in Glaskugeln ein. Theoretisch kann man sogar sieben Gramm Asche in die Erdumlaufbahn schießen lassen: Kostenpunkt: ab knappen fünftausend Dollar. Ein Diamant lässt sich nach zwölf Wochen Wartezeit aus siebzehn Gramm Asche pressen. Ein lupenreiner Viertelkaräter kostet ab zweitausend Euro. Alternativ kann man auch schon zu Lebzeiten siebzehn Gramm Fell und Haare seines Pferdes sammeln und

einschicken. Unter Beimischung von Silizium entstehen dann bei 55 000 bar und 1700 Grad Hitze ein „pure gem“ Edelstein – der kostet dann allerdings schon dreitausend Euro.

Relativ neu ist auch die Möglichkeit, sein Pferd beziehungsweise dessen Asche in einem Friedwald beisetzen zu lassen. Mancherorts wird sogar schon die Möglichkeit geboten, dort eines Tages selbst die ewige Ruhe neben seinem geliebten Vierbeiner zu finden. Hier sind die Schweiz und Österreich Vorreiter.

Noch ein Wort zum Zeitpunkt der Abholung

In der Literatur heißt es fast immer: „Stellen Sie sicher, dass die Abholung noch am selben Tag erfolgt.“ Bei meinen Telefonaten mit Tierkörperbeseitigungsunternehmen verwies man stolz darauf, dass man den Termin so vereinbaren könne, dass der LKW schon eine halbe Stunde nach Einschläferung auf den Hof käme. Warum eigentlich?
Laufen wir wirklich Gefahr ein Körper könnte innerhalb von wenigen Stunden in glühender Hitze zu stinken beginnen oder gar eine Seuchengefahr bilden? (Bitte nicht unter einer Plastikplane lagern, wenn die Sonne prall darauf scheint!)
Nach allem, was wir vom energetischen, schamanischen und psychologischen Standpunkt her wissen, ist es wichtig, beiden Seelen Zeit zu geben: Der, die geht, und der, die Abschied nimmt. Unsere Trauerarbeit kann leichter vonstatten gehen, wenn wir in Ruhe Gelegenheit zum Abschied nehmen haben. Und das ist mehr als die Erledigung eines hygienischen Problems.
Sicher ist schon von Gesetzes wegen geboten, dafür Sorge zu tragen, dass es zu keiner Verunreinigung des Grundwassers oder zu anderen Hygieneproblemen kommt. Im TierNebG

(dem Gesetz über die Beseitigung Tierischer Nebenprodukte, es hat das deutsche Tierkörperbeseitigungsgesetz abgelöst, die Ausführung ist Ländersache), heißt es ausdrücklich, dass ein totes Pferd, im Gesetzestext „Material" genannt, sowohl „unverzüglich" gemeldet als auch „unverzüglich" abgeholt werden muss.

Bis dahin ist das verstorbene Tier *„so zu lagern, getrennt von anderen Abfällen sowie geschützt vor Witterungseinflüssen so aufzubewahren, dass Menschen nicht unbefugt und Tiere nicht mit diesem Material in Berührung kommen können. Verendete oder getötete Tiere dürfen während dieser Zeit nicht abgehäutet, geöffnet oder zerlegt werden. Nach der Abholung hat der Besitzer die Behältnisse oder Örtlichkeiten, in denen das in § 3 Abs. 1 Satz 1 bezeichnete Material aufbewahrt worden ist, unverzüglich zu reinigen und zu desinfizieren."*

Die in Oberösterreich geltende Tiermaterialienverordnung ist großzügiger in der Fristensetzung. Hier heißt es: „Die tierischen Nebenprodukte oder Materialien sind vom jeweiligen Aufbewahrungsort innerhalb von 36 Stunden (Sonn – und Feiertage nicht eingerechnet) nach erfolgter Anzeige (...) vom Betreiber abzuholen und zu befördern. ..."

Gegen eine Nacht der Totenwache wird wohl auch in Deutschland niemand etwas haben, wenn Sie einige Vorsichtsmaßnahmen treffen und der Tierarzt vielleicht erst am (Freitag) Abend kam oder Sie in der Tierkörperverwertungsanstalt niemanden mehr erreicht haben ...

Tod und Sterben aus schamanischer Sicht

„Wenn ich tot bin,
Weint um mich ein wenig,
Denkt an mich manchmal,
Doch nicht zu oft.
Denkt ab und zu an mich,
Wie ich im Leben war;
Mitunter macht es Spaß, sich zu erinnern,
Jedoch nur kurz.
Lasst ihr mich in Frieden,
Lass ich euch in Frieden,
Und solange ihr am Leben seid,
Sollen eure Gedanken bei den Lebenden sein."

INDIANISCHES GEBET (TRADITIONAL)

Ein Textbeitrag von Ulrike Buergel-Goodwin, die in Regensburg schamanisch arbeitet

„Über Tod und Sterben aus schamanischer Sicht zu sprechen, führt zwangsläufig auch zum Begriff der Seele. Worüber sprechen wir, wenn wir dieses Wort benutzen?

Seele ist im westlich-materialistischen Weltbild etwa synonym mit unserem bewussten und unbewussten Innenleben, mit unserem Denken und Fühlen. Ein Therapeut, der seelische Erkrankungen behandelt, versucht entweder unsere Sicht auf die Welt gerade zu rücken oder unsere Gehirnchemie. In jedem Fall wird – etwas vereinfacht formuliert – die Denkfunktion des Gehirns behandelt.

Seele im schamanischen Weltbild dagegen ist zu verstehen als Lebenskraft, die allem innewohnt. Seele (und Bewusstsein) ist in allem, was existiert, in Tier, Pflanze, Erde, Wasser, Feuer, Wolke, Wind ... Bewusst vermeide ich das Wort Lebensenergie. Ich verwende die Wörter Kraft und Energie wie in der Physik. Dort meint Kraft gerichtete Energie. Auch die Lebenskraft, besser die Lebenskräfte, haben solche Spezifität und Gerichtetheit. Alle streben nach Sein, Verwirklichung, Wachstum, Vermehrung und dann auch wieder nach Vergehen, Eingehen ins Ganze, Auflösung und neuem Werden. Seele, besser Seelen, sind die inneren Triebkräfte für all diese Vorgänge der Natur. In der Weise, in der sie sich wandeln, wandelt sich auch die materielle Erscheinung eines Wesens.

Sprechen wir von den Seelen, den Lebenskräften, die einen Menschen oder ein anderes Tier zwischen Werden und Tod bestimmen, diesem Motor seiner Vitalfunktionen, seiner Persönlichkeit, seines Verhaltens, all dessen, was seine Eigenart ausmacht. Verwandelt sich die Seele, ändert sich etwas bei dem Tier. Gehen Seelenteile verloren, das heißt vermindern sich die Lebenskräfte, erkrankt das Tier. Geht die Seele ganz, das heißt schwinden die Lebenskräfte völlig, stirbt es. (Nicht umgekehrt: Man könnte ja auf die Idee kommen, dass die Seele heimatlos wird, weil der Körper stirbt. Aber es ist eben umgekehrt: Weil die Seele geht, das heißt die Lebenskräfte ihn verlassen, stirbt der Körper. Schon bei einem Sterbenden oder jemandem, der dem Tod sehr nah ist, ist ein großer Teil der Seelen bereits nur noch in der Nähe des Körpers, wie es sich ja in den Nahtodberichten zeigt. Das Interesse der Seele für den Körper lässt schon im Sterben nach. Auch das kommt in den Nahtodberichten sehr häufig zur Sprache. Sie ist ja im Begriff, sich von ihm zu trennen. Und all meine eigene Erfahrung geht dahin, dass die Seele keinerlei Interesse an dem zurückgelassenen Körper zeigt. Im Gegenteil, wenn ich mit Seelen darüber gesprochen habe, bin ich in jedem einzelnen Fall nicht nur auf Desinteresse, sondern auf so großes Unverständnis getroffen, wovon ich denn überhaupt rede, dass es zu diesem Thema nie mehr als ein Gesprächsversuch war. Ich habe hier aber nur meine eigenen Erfahrungen und kein allgemeineres Wissen. Aus meiner Sicht kann mit dem toten Körper, wer will, machen, was er möchte. Er beeinflusst damit auch kaum den Lauf der Natur, der jetzt auf Fäulnis und Zersetzung und auf das Leben einer Kaskade von Kleinstlebewesen oder die Verbindung zur anorganischen Natur gerichtet ist. Die gewandelten Lebenskräfte suchen sich ihre Ausdrucksmöglichkeiten als Lebenskraft von Bakterium, Pilz, Käfer, Wurm im Rahmen der gegebenen Möglichkeiten. Werden Teile einbalsamiert, laufen eben andere Prozesse, die aber in ihrer Eigenart ja auch Teil der Natur sind. Ich sehe hier nichts, das man irgendwie verkehrt machen, das heißt aus der Balance bringen könnte. Außer dadurch, dass das Aufheben – auch das Beerdigen – von Körpern und Körperteilen einen Versuch darstellt, das Verlorene zu halten. Ein Hemmnis für die Seele, die weitergehen möchte. Das besteht aber nicht im Aufbewahren beispielsweise eines Pferdeschweifs an sich, sondern in den festhaltenden Gedanken. Und für den, der festhält, macht es die Sache natürlich auch nicht leichter.

Viele Menschen schildern nach einem Nahtoderlebnis, wie ihre Seele sich aus dem Körper herausbegeben und räumlich von ihm entfernt hat, wie sie aufgestiegen ist (und mit ihm das Bewusstsein), so dass sie zum Beispiel den eigenen Körper unten liegend beobachten konnten. Wer neben einem Sterbenden oder gerade Verstorbenen auf feine Wahrnehmungen achtet, kann die Gegenwart der aus dem Körper herausgetretenen Seele spüren. Man fühlt sie noch nah. Von Tag zu Tag aber spürt man sie weniger. Es fühlt sich an, als würde sie sich entfernen, und nach etwa drei Tagen hat sie sich so gewandelt, dass man sie nicht mehr fühlt. Ich bitte um Erlaubnis, schnippisch-umgangssprachlich sagen zu dürfen: Sie ist verduftet. Leise und allmählich hat sie sich davongemacht, zumindest sich unserer Wahrnehmung entzogen. Haben wir vielleicht am ersten Tag mit dem Toten noch gesprochen, ihn sogar gehalten oder gestreichelt, würde uns spätestens jetzt mit aller Deutlichkeit klar, dass wir einen Körper vor uns haben, der nicht mehr dasselbe ist, wie der, den wir einst kannten. Nur mehr ein fleischliches Überbleibsel. Es wäre schön, wenn unsere Toten, wie früher üblich, so lange in unserer Mitte bleiben dürften bis wir das spüren können, auch unsere toten Tiere natürlich. Je mehr der Tod erlebt und gefühlt werden kann, umso leichter fällt es, ihn anzunehmen und zu bewältigen. Wer das Sterben eines geliebten Wesens begleiten kann, hat die Chance, neben der Trauer um den Verlust etwas wahrzunehmen, das sich gut und friedlich anfühlt. Vielleicht, weil wir in solchen Augenblicken deutlicher als sonst den Atem der Natur spüren. Nichts tut uns besser als möglichst große Nähe zur Wirklichkeit.

Wir bezeichnen ein Wesen als tot, weil das, was es war, zu Ende ist. Mit seiner Geburt ist es in sein Dasein eingetreten und mit seinem Tod wieder weggegangen. Das Leben selber aber bleibt. Seelen und Körper wandeln sich jetzt, werden Lebenskräfte und Körper von Erde, Bakterium, Pilz, Pflanze, Tier und Wasser entsprechend dem endlosen Reigen der Erscheinungsformen des Lebens. Der bunte Strauß an Seelen, die sich in einem Dasein vereinigt hatten, löst sich wieder auf zu Formlosigkeit und geht von da aus in neue Daseinsformen ein. Ein Teil davon mag uns wieder begegnen in einem Jungtier (oder Kind), in dem wir sie wiedererkennen. Vielleicht, vielleicht auch nicht.

Die meisten schamanischen Kulturen gehen davon aus, dass die Seele ein holistisches Gemenge unterschiedlichster Seelen = Lebenskräfte ist. Manche legen sich auf Zahlen fest, manche nicht. Seelen aus der Familienlinie, Seelen von irgendwo her, Seelen = Lebenskräfte, die nur zu bestimmten Körperteilen oder auch abstrakten Einheiten gehören, eine Nierenseele, eine Schulterseele, eine Linker-Kleinfingerseele, eine Seele der zehnten Augenwimper, des linken Auges von rechts – überspitzt veranschaulicht. Seele ist die dem Körper oder einem bestimmten Teil davon innewohnende spezifische Lebenskraft. Im Sterben verteilt sie sich, wandelt sich, gruppiert sich neu. Die Vorstellung einer kompakten, konsistenten, von Leben zu Leben wandernden Seele ist dem Schamanismus eher fremd, auch wenn ich nicht ausschließen will, dass es schamanische Kulturen gibt, bei denen von Reinkarnation gesprochen wird. Besonders da vielleicht, wo er sich mit dem Buddhismus verbindet. Das Leben, die Lebenskräfte bleiben doch sichtbar zu einem großen Teil im Leichnam, nur eben in der gewandelten Form der Zersetzungsprozesse. Das ist doch pralles Leben, das da sichtbar abläuft. Was überdauert, einfach weil es gewesen und quasi „im Buch des Lebens verzeichnet" ist, das, womit wir uns geistig verbinden können, mag so eine Art geistige Erinnerungsspur sein – jede Kultur könnte dafür ihre eigenen Bilder und Mythologien erfinden. Wir reden hier über Dinge, die unseren an den Sinneserfahrungen gereiften Verstand weit übersteigen und für mein Empfinden auch keinen praktischen Wert haben. Schamanismus ist Erfahrung. Nicht mehr, aber auch nicht weniger. Was ich beobachten kann, widerspricht der Vorstellung einer als Ganzes von Inkarnation zu Inkarnation wandernden Seele recht klar. Am ehesten sind es vielleicht die Seelen der Familienlinie, die uns in Kindern oder den Jungen eines Elterntieres wiederbegegnen, die ja auch ähnliche Gene haben. Vielleicht auch mal andere Seelen, die auf dem Weg über ein Kind oder Jungtier wieder unsere Nähe suchen und die wir im Verhalten dieses jungen Wesens erkennen. Wenn jemand das so beobachtet und erfährt, habe ich keinen Grund, es zu bezweifeln. Ich würde es aber immer eingebettet in eine neue Konstellation von Lebenskräften sehen. Ein Körper kann nicht die gleichen Lebenskräfte haben wie ein anderer, einfach weil er nicht der gleiche ist. Die Seele ist nicht etwas **im** *Körper. Sie ist eins mit dem Körper. Sie ist die geistige Kraft, die ihn formt und führt, ist körperimmanent. Die Vorstellung, dass Materie etwas anderes wäre als ein Kräftege-*

menge, ist schließlich nichts als eine Illusion. Das schamanische Weltbild trifft sich hier mit dem der Teilchen(Quanten-)physik, die vorsichtshalber nur noch selten von Teilchen spricht, lieber gleich von Feldern. Zu oft haben sich die vermeintlichen kleinsten Teilchen der Materie bei genauerer Betrachtung zu strukturierten Kraftfeldern aufgelöst.

Manche Menschen versuchen, in Rückführungen in ihr früheres Leben zurückzugehen. Sie bringen von dort oft viele Fakten mit, die sich klar verifizieren lassen. Was mir dabei fehlt, ist die Klammer, dass es sich dabei nicht nur um **ein** *früheres Leben handelt, sondern um* **mein** *früheres Leben. Der praktische Nutzen von Rückführungen im Rahmen von Heilarbeit mag trotzdem groß sein. Denn ganz offenbar besteht zu diesem besichtigten Leben aus irgendeinem Grund eine gewisse Resonanz, sonst hätte sich nicht gerade dieses gezeigt. Schließlich hat man sich ja aufgemacht, um in eins seiner früheren Leben zu schauen, und jetzt ist alles, was man sieht, definitionsgemäß Teil der Antwort. Ich gehe aber davon aus, dass sich diese Antwort auch zeigen würde, wenn es nur einen dünnen Verbindungsfaden gibt, den man zurückverfolgen kann, das, was die Huna einen Aka-Faden nennen. Das könnte ein Gen sein oder auch nur eine Handlungsabfolge, wer mit wem zu tun hatte, ein systemischer Zusammenhang oder ähnliches. Eine 1:1 von Inkarnation zu Inkarnation wandernde Seele beweist es nicht. Es gibt eine Fülle von Versuchen, die zeigen, dass wir durchschnittlich nur sechs miteinander bekannte Zwischenpersonen brauchen, um rund um den Globus wieder auf jemand zu stoßen, den wir persönlich kennen oder den wir als Zielperson auserkoren haben. Manchmal braucht es nur zwei Ecken, manchmal mehr als sechs. Klar aber ist: So klein ist die Welt. War sie schon immer. Letztlich sind wir eh mit allem verbunden, aber auf Schritt und Tritt begegnet uns in dieser kleinen Welt oder begegnet uns wieder, womit wir über irgendein Link sehr eng verbunden sind oder waren.*

Gehen wir zurück zu der Dreitagesfrist innerhalb derer die Seele sich fortschreitend unserer Wahrnehmung entzieht. Immer wieder gibt es Berichte von Menschen, denen ihre Verstorbenen (Menschen wie Tiere) nach dem Tod noch einmal erschienen sind, greifbar nah und wirklich, eine so deutliche Wahrnehmung, dass sie auf dem Monitor unseres Gehirns ein Bild entstehen lässt als wäre die Person oder das Tier noch so da, wie vorher im Leben. Solche Berichte sind besonders häufig aus diesen ersten drei Tagen, kommen aber auch danach noch vor. Insbesondere dann, wenn der Tod überraschend oder gewaltsam war, wie zum Beispiel bei einem Unfall, oder wenn es noch Ungeklärtes, Unbeendetes gibt, das noch Aussprache, Klärung und Abschluss braucht. Manchmal auch, wenn der Lebende den Toten nicht so einfach loslassen kann, wenn die Bindung so eng war, dass der Abschied besonders schwer ist. Solches „Herumgeistern" der Seele dient dem Abschied. Sie „strampelt sich frei", wo sie noch festgehalten wird, befreit sich aus ihren alten Bindungen. Diese Zeit dauert etwa einen guten Monat, dreißig bis vierzig Tage. Manche Kulturen tragen dem Rechnung, indem sie nach dieser Frist noch einmal eine zweite Totenfeier halten, wie in manchen Teilen Russlands. Die nordwestlichen Indianerstämme der Athabasken stellen erst jetzt auf ihren Friedhöfen die Seelenhäuschen auf, in die die Seele einzieht, nachdem sie diese Monatsfrist des Herumwanderns hinter sich hat. Danach kommen solche Geistererscheinungen nur noch vor, wenn die Toten in großer Not und Gefahr zu unserer Hilfe etwas mitteilen möchten. Ich kann diese Monatsfrist aus eigener Erfahrung auch für Tiere bestätigen.

Diese rund dreißig Tage geben uns die Gelegenheit, unser gestorbenes Tier so zu verabschieden, dass die Seelen gut weiterwandern und wir selber den Verlust besser bewältigen können. Hier ein Abschiedsritual:

Nimm dir öfter, vielleicht sogar täglich in diesem Monat Zeit, die Orte zu besuchen, an denen du mit deinem Tier gewesen bist. Vielleicht kannst du dort Steinchen oder ähnliches ablegen und sagen „Ich stimme zu, dass du weitergehst. Ich danke dir, dass du gewesen bist, dass du bei mir warst. Gute Reise." So ungefähr. So wie es sich für dich richtig anfühlt. Auch in der Formulierung natürlich so, wie es für dich passt.

In diesem Ritual hat auch Platz, was es vielleicht noch an Ungelöstem gibt. Häufig sind wir es ja, die die Entscheidung treffen müssen, das Leben unseres Tieres zu beenden. Töten ist ein Tabubruch, der dich vielleicht mit einem Sack an Zweifeln und unguten Gefühlen zurücklässt, – obwohl deine Entscheidung das einzig Richtige, vielleicht sogar der ausdrückliche Wunsch deines Tieres war. Nimm diese Gefühle an. Du könntest beim Ablegen der Steinchen sagen: „Das Leben macht es uns manchmal schwer und wir müssen Dinge tun, die wir nicht wollen. Aber ich habe dir diesen Liebesdienst der Sterbehilfe gern erwiesen und nehme in Kauf, dass ich mich im Augenblick nicht so gut fühle. Von dieser Last darf ich jetzt ein Stück hier ablegen." Und dann legst du auch dafür ein Steinchen nieder.

Was gibt es aus schamanischer Sicht noch zu tun?

Bitte auch Seelenteile, die du selber bei der schweren Aufgabe der Sterbehilfe möglicherweise verloren haben könntest, in deiner Nähe zu bleiben und zu dir zurückzukehren. Auch dafür findest du sicher ein eigenes Ritual. Der Grundtenor dabei ist etwa „Ich bitte darum, heil und ganz bei mir zu sein" oder „Du bist gestorben, und ich darf noch leben. Bis am Ende auch ich sterbe." Letzteres ist versöhnlich, weil es uns einbindet in die Wirklichkeit der Sterblichkeit. Ersteres macht aber die Grenze zwischen ich und du in der nötigen Deutlichkeit klar. Loslassen ist nötig, wenn es gut werden soll. Gestehe dir auch zu, dass du dich eine Weile schonen darfst, weil der Tod deines Tieres belastend und anstrengend für dich ist. Mute dir nicht zu, dass du da so locker drüber weggehen müsstest als wäre es nichts. Nimm aber Hilfe in Anspruch, wenn dich der Tod deines Tieres auch nach Jahren noch sehr belastet. Denn am Ende sollte es so sein, dass die Freude und Dankbarkeit am gemeinsamen Weg die Trauer um den Verlust überwiegen, dass du in Freude an dein Tier denkst und einverstanden bist, dass es weitergehen wollte.

Wie die Geburt ist der Tod ein Übergang mit Risiken. Kommt der Tod plötzlich oder gewaltsam, kann es sein, dass die Seele – man möge mir die naive Ausdrucksweise für sprachlich kaum Fassbares verzeihen – irgendwie in einem Zwischenzustand hängen bleibt. Oft stellt es sich in der Wahrnehmung so dar, als hätte die Seele nicht begriffen, dass der Körper gestorben ist. Sie aus diesem Zustand zu befreien und weiterzugeleiten, ist Aufgabe für einen Schamanen. Er ist absichtslos, eine neutrale dritte Person, die nicht in Gefahr ist, die Seele festhalten zu wollen und der deshalb diese Aufgabe besser machen kann als du selber.

Nicht gleich, frühestens nach einem Jahr, könntest du hinspüren, ob dein gestorbenes Tier nicht so etwas wie ein spiritueller Helfer für dich geworden ist. So etwas kommt durchaus nicht selten vor. Unseren Toten, auch unseren toten Tieren, ist wichtig, dass es mit uns Lebenden gut weitergeht."

Bugatti

„Vor sieben Jahren suchte ich nach einem Pferd als Reitbeteiligung. Bugattis damalige Besitzerin holte ihn daraufhin von der Seniorenkoppel. Sie hatte gespürt, dass er sehr unglücklich war, abgeschoben zu werden. Er war damals erst 20 Jahre alt.

Zunächst war er phlegmatisch und zutiefst misstrauisch. Aber wir wuchsen recht schnell zusammen und bald waren wir ein Herz und eine Seele. Bald darauf stand zur Debatte, dass er als Beistellpferd 800 km fortziehen sollte. Ich musste nur eine Sekunde nachdenken, spontan übernahm ich ihn mit allen Konsequenzen.
Ab diesem Moment vertiefte sich unsere Freundschaft jeden Tag mehr und mehr. Er glaubte mir. Natürlich hatte er seine Zipperlein – Arthrose und Kreislaufprobleme machten ihm zu schaffen – dennoch war er glücklich.
Ich versprach ihm, ihn niemals herzugeben oder ins Altenteil abzuschieben. Er sollte, so die Zeit gekommen sei, hier sterben dürfen. Mit siebenundzwanzig Jahren war er noch erstaunlich fit und darüber hinaus auch optisch noch eine Augenweide – er hatte sich seine Jugendlichkeit bewahrt.
Vor Jahren bekam ich ein Buch geschenkt:
„Der sechste Sinn – Zwiesprache mit Pferden“. Ich wollte wissen, was es damit auf sich hat. Ich ließ ein Protokoll von Bugatti machen und war sehr erstaunt: bis in kleinste Details stimmte alles: Beschreibungen von Orten und Personen, von Gegenständen und vielem mehr. Besonders berührten mich seine Gefühle zum Altwerden, seine Ängste vor dem Tod und seine Liebe zu uns.
Ich realisierte, dass wir sehr ähnlich fühlten, auch ich hatte Angst vor seinem Tod und dem Verlust. Er versprach mir, noch eine ganze Weile bei mir zu bleiben. Das war ein gutes Jahr bevor er starb.
Ich war so fasziniert von dem Protokoll, dass ich mich zum Kurs „Steg 1“ bei Karin Müller anmeldete. Es war ein Augen- und Sinnenöffner!
Trotz großer Skepsis wuchs das Vertrauen in meine Fähigkeiten, mit den Tieren zu kommunizieren. Es waren dann oft Alltäglichkeiten, die wir austauschten – manchmal praktische Gedanken, dann wieder Gefühle wie Freude, eines schönen Momentes wegen. Mit Bugatti war es sehr einfach – er vermittelte mir klar und deutlich, was er wollte und fühlte.

Im Herbst 2005 merkte ich, dass ihm die Arthrose stark zusetzte. Eine Osteopathin half. Er hatte einen wunderschönen letzten Winter mit tollen Ausritten im Schnee. Im heißen Sommer 2006 machte er mir wieder Sorgen – es war ein Auf und Ab. Er war immer glücklich, wenn wir kamen.

Er ließ uns wissen, wie es ihm ging: manchmal wollte er einfach nur massiert und gestreichelt werden, dann wieder konnten wir ihn nicht schnell genug satteln! Ende September 2006 hatte ich mich zu einem Vertiefer-Seminar bei der Karin angemeldet. Tags zuvor waren Bugatti und ich noch gemütlich ausreiten. Am Tag des Seminars hatte ich ein seltsam unruhiges Gefühl. Bevor ich fuhr, bat ich meinen Mann Michael, ganz besonders auf Bugatti zu achten. Während des Seminars, das in einer kleinen, sehr vertrauten Runde in Eching bei Anita stattfand, haben wir in Gedanken einen Spaziergang mit unserem Tier unternommen. In meiner Vorstellung ging ich mit Bugatti über saftig grüne Wiesen und weiche Wege im Sonnenlicht und sagte ihm, wie sehr ich ihn liebe. Es war sehr friedlich und schön.

Etwa zu dieser Zeit brach er sich den Oberschenkel. Michael fand ihn auf der Koppel und versuchte vergeblich, mich zu erreichen.

Die Tierärztin, eine liebe Freundin, musste ihn schweren Herzens einschläfern. Michael und einige gute Freunde waren bei ihm.

Als das Seminar am frühen Abend zu Ende war, schaltete ich mein Handy ein und bekam eine SMS mit dringender Rückrufbitte. Dann der Schock.

Karin und Anita fingen mich auf. So viele Male hatte ich mich in Gedanken mit seinem Ende auseinandergesetzt. Jedes Mal blieb Trauer und Angst vor dem Moment. Und jetzt hatte er sich ohne meine körperliche Nähe davongemacht. Die Trauer überwältigte mich. Dann der Satz von Karin:

„Glaubst Du an Zufälle?“ Ich erkannte: Wäre ich da gewesen, um wie viel schwerer und dramatischer wäre sein Ende gewesen? Ich kann jetzt akzeptieren, dass er seinen Weg gefunden hat. Nach sei-

nem Tod waren viele im Stall bestürzt und traurig. Nahezu jeder hatte mal das Vergnügen, ihn zu reiten. Er hatte viele durch diverse Reitabzeichen und Turniere begleitet – sehr erfolgreich – er war ein begeisterter Lehrer.

Jetzt begann für mich ein neues Kapitel, aber ich hatte das Buch Bugatti noch nicht zugemacht.

Mein Mann besitzt einen jungen Wallach namens Priamus. Es war klar, dass auch ich wieder ein Pferd mochte. Ein seltsames Gefühl.

Ich erinnerte mich an den Anruf des Züchters unseres Wallachs. Noch zu Lebzeiten Bugattis bot er mir mehrfach die Schwester von Priamus an. Natürlich keine Frage, Bugatti war ja da und sollte auch da bleiben.

Nach seinem Tod rief ich an – es war etwa zwei Jahre nach besagtem Anruf und ich konnte es nicht glauben – die Stute war noch zu haben.

Eine sehr hübsche fünfjährige braune Stute namens Jilian.

Da stand sie auf einer Koppel und wartete auf mich.

Wir vereinbarten eine Probewoche in unserem Stall. Schon beim Ausladen machte sich bei mir und einigen Freunden im Stall die Begeisterung breit.

So ein schönes, stolzes Pferd!

Wieso hatte sie keiner vor mir haben wollen? Heute bin ich mir sicher – das Schicksal wollte es so – wir gehören zusammen, es gibt keine Zufälle!

Ab dem ersten Tag begrüßte sie mich mit gespitzten Ohren und ihrer schönen Altstimme. Eigentlich wussten wir es sofort, dass sie hier bleibt. Nach einigen Wochen bekam ich von meinen Seminarfreundinnen Protokolle zu Jilian (Wir sollen ja immer fleißig üben, gell Karin!). Ich fiel aus allen Wolken: Sie sagte, ich solle mich bitte von Bugatti lösen und ihr vertrauen. Sie wolle immer bei mir bleiben und sei eine würdige Nachfolgerin! Mir wurde bewusst, dass Bugatti noch durch mein Herz und den Stall geisterte. Ich

schickte ihn in einer feierlichen, ergreifenden Zeremonie ins Licht. Das war dennoch nicht genug. Seine Sachen musste ich verschenken. Sein Sattel passte Jilian wie angegossen. Dennoch drehte sie sich immer weg, wenn ich damit ankam. Also verkaufte ich ihn.
Den Stall habe ich mit Salbei geräuchert und Bugatti auch von dort nochmal verabschiedet.
Ein Jahr ist vergangen. Jetzt, während ich das alles aufschreibe, verabschiede ich mich ein weiteres Mal von ihm. Er wird immer einen Platz in meinem Herzen haben. Aber da ist viel Platz!
Im Hier und Jetzt tummeln sich da meine lebendigen Liebsten und ich freue mich jeden Tag, dass sie da sind.
Ich hätte nicht gedacht, dass es so schwer sein würde. Ich habe ein wenig Abstand gebraucht, meiner Gefühle wegen und um zu selektieren – es ist trotzdem ein langer Bericht geworden. Und wieder sind Tränen geflossen, aber es waren Tränen der Erleichterung und der Dankbarkeit. Ich danke Dir, liebe Karin, auch nochmal für Deinen Beistand, ohne Dich wären Fragen nicht beantwortet worden. So konnte ich meinen Frieden mit dem Geschehenen finden.“

Ute Merkel, Diessen

Der Mythos vom magischen, richtigen Zeitpunkt

„Aus meiner Sicht wird oft zu früh eingeschläfert, Sportpferdeabfall. Das sind die Leute, die am Wochenende Turniere reiten und Jagden und das Pferd beherrschen und benutzen. Ich hatte immer den Eindruck, dass kurz vor der Schlachtung solche Sportpferde aufwachten und einen riesengroßen Drang hatten zu leben. Auch wenn sie lethargisch wirkten, das kam einfach so rüber wie die Frage ‚Ist das das Leben?' Was das Einschläfern angeht, ich glaube es gibt doch immer noch vergleichsweise wenig Leute, die ihre alten, ausgedienten oder einfach kranken und unreitbaren Pferde behalten oder unterbringen, um ihnen einen schönen Lebensabend zu ermöglichen. Wenn das Töchterchen unbedingt den Turnierkracher braucht, dann muss erst das Pony weg und irgendwann der erste Kracher wegen Überforderung in die Wurst.
Ich kann das leider nicht anders sehen, ich hab genug Leute gesehen, die ihren Pferden mit Mikmars die Lefzen zerrissen haben oder die einen Nervenschnitt nur haben machen lassen, um die Pferde weiter benutzen zu können. Ich hatte selbst so ein Pferd, Hannoveraner-Stute, 11-jährig von einem Calypso II-Sohn, gebrannte Sehnen, dauerlahm am Anfang, später ging es dank Offenstall. Narben und Beulen auf den Knochen, Bilder von Sprüngen und Jagden, ein ganz besonderes Pferd und doch wäre sie eigentlich in der Wurst. Bah, da werde ich gleich wieder wütend!“

Carla Zimmerer, Hannover

Diese sicher drastische Äußerung ist so unberechtigt nicht. Auch das liebe Geld spielt leider eine Rolle, die nicht von der Hand zu weisen ist. Man möchte reiten, man möchte ein gesundes Pferd haben. Das Geld für ein zweites ist vielleicht nicht da, wenn das erste krank und alt wird – oder man seiner einfach überdrüssig wird. Ich bekam eines meiner Pferde mit damals etwas über zwanzig Jahren geschenkt, weil der einzige, der sich auf die heimliche Kleinanzeige meldete, als die Besitzerin es wegen Schwangerschaft abgeben wollte, der Schlachter war. Sie war nicht einmal auf die Idee gekommen, ihre Reitbeteiligung (mich) zu fragen, bis wir uns ihr buchstäblich in den Weg stellten ...

Den Schritt zur finalen Entscheidung machen sich sicher viele Reiter nicht leicht, doch es wird nicht nur aus tierschutzrelevanten Gründen abgewogen. Prüfen Sie sich daher: Geht es beim Bestimmen des Zeitpunktes tatsächlich um das Wohl des Tieres? Wie oft wird nur vorgeschoben, man wolle dem Pferd ein würdiges Ende, einen schmerzfreien Tod bescheren, und letztlich steht dahinter eine Mischung aus Hilflosigkeit und Egoismus, dem Unwillen oder der Unfähigkeit, selbst mit dem Sterben, dem Altwerden und damit verbundenen körperlichen Defiziten klar zu kommen ... Niemandem steht zu, das von außen zu bewerten. Gehen Sie selbst in sich. Prüfen Sie Ihre Motivation!

Sind Gnadenhöfe oder Privatpferdehalter, die ein Beistellpferd (kein Abstellpferd!!!) suchen, vielleicht eine Alternative zum Tod?

Wie ich es in meinen Kursen auch immer empfehle – keine generelle Antwort, es gibt keine Pauschalantwort: Bleiben Sie in Ihrer Verantwortung und schauen Sie auf die Situation.

Fühlen Sie sich ehrlich in Ihr Tier ein und schauen Sie ihm in die Augen. Hier allein finden Sie die Antwort auf die Frage nach dem richtigen Zeitpunkt. Nicht beim Tierarzt, nicht beim Schlachter, nicht bei sogenannten guten Freunden, Reitlehrern, Stallbesitzern und anderen „Fachleuten". Es ist IHR Pferd. SIE ALLEIN tragen die Verantwortung. Vom ersten bis zum allerletzten seiner Tage.

Sehen Sie in die Augen Ihres Pferdes. Entdecken Sie da Lebenswillen oder nur noch stumpfe, unendliche Müdigkeit? Und ist das auch wirklich der Wunsch zu sterben, oder kann es auch der Wunsch nach „Rente" sein?
Können nur Sie sich nicht vorstellen, dass Ihr Pferd auch andernorts glücklich sein kann? Dürfte es anderswo in einer anderen Funktion als der, die Sie sich für Sie beide gewünscht haben, noch glückliche alte Tage erleben?
Und umgekehrt: Wird Ihr Pferd auf einer Altersweide nur abgestellt und geparkt oder hat es dort neben einer artgerechten Haltung auch Ansprache und eine neue Aufgabe, beschäftigt man sich mit ihm? Hat es Kontakt zu Menschen? Sind auch Ihre Besuche erwünscht? Geben Sie Ihr Pferd nicht einfach an einen Fremden ab, der dann den Schwarzen Peter für Sie ausspielen soll. Ein todkrankes, an dauerhaften Schmerzen leidendes Pferd weiterzuverkaufen oder zu verschenken, auch gegen „Schutzvertrag", ist Tierquälerei.
Auf dem Abstellgleis rosten Mensch wie Tier, ohne geistige Anregung, ohne Beschäftigung und Aufgaben verkümmern wir und altern im Zeitraffer. Altersgemäße Ansprache, Bewegung für Körper und Geist aber hält uns fit, egal wie viele Beine wir haben, zwei oder vier.
Bedenken Sie: Ein Reiter ohne Pferd ist „nur noch" ein Mensch, ein Pferd bleibt immer ein Pferd.
I H R E Ängste vor Sterben und Tod nutzen dem Pferd nichts. Ihre Übertragungen aber können viel Schaden anrichten, dann haben wir es mit „falscher Tierliebe" zu tun.

Es ist unbedingt und unbestritten Zeit loszulassen, wenn

- Ihr Pferd große, dauerhafte Schmerzen leidet, die nicht mehr zu stillen sind und es keine Aussicht auf Heilung gibt,
- alles an ihm deutlich zeigt, dass es nicht mehr will oder nicht mehr kann.

Es ist Zeit, sich mit dem Gedanken anzufreunden, dass die Uhr tickt, und für Veränderung zu sorgen, wenn

- Ihr Pferd nach dem Hinlegen oder Wälzen kaum noch aufstehen kann,
- die Gruppe Ihr altes Pferd ausschließt und immer aggressiver wegbeißt ,
- es von selbst kaum noch aktiv ist, immer teilnahmsloser wird,
- Sie immer öfter damit konfrontiert werden, dass kompetente Fachleute und Freunde Ihnen raten, eine Entscheidung zu fällen.

Der „richtige Zeitpunkt“ ist ein Mythos und auch wieder nicht. Sie können ihn einzig in Ihrem reinen Herzen finden.
Ihr vierbeiniger Freund, Gefährte, Partner hat einen Abschied in Würde verdient.
Es gibt eine Riesendiskussion über dieses „zu früh“ und „zu spät“.

Diese Frage können wir nur ethisch, nach unserem Gewissen und unseren Glaubenssystemen, unserem Weltbild beantworten. Egal um welche Kriterien oder Fallbeispiele es sich handelt, es wird immer eine Ausnahme geben, immer eine Situation oder Anschauung, die für jemanden nicht passt. Für zwei muss es passen, und zwar gleichermaßen, sonst für niemanden: Für Sie und Ihr Pferd.

Mirnas Abschied

Tierkommunikationsprotokoll vom 19. Juli 2005
aufgezeichnet von Anneke Freudenberger

„Lass uns zur Sache kommen ... Mir geht es nicht so gut, keine Energie, Atemnot, hilflos, Zeit zu gehen.
Kirsten weiß wann und wie.
Macht sich Gedanken darüber, der Tag kommt, sie soll bei mir sein, ansonsten Ruhe, kein Gedöns, (wir zwei unter uns), viel Ruhe.
Die Kraft dazu ist da, vermeide Streit.
Gehe den Weg durch Licht und Luft.
Gedanken sind schon fort (sie weiß worauf sie sich einlässt).
Ich gehe zurück zu den Wurzeln, werde gut empfangen, werde abgeholt.
Wünsche werden erfüllt, weiß auf was ich mich einlasse, gute Luft.
Komme später noch mal zu Kirsten, evtl., je nach Bedarf und Wunsch.
Sag Kirsten alles Liebe.
Sie soll entscheiden wann, wo, wie, Zeit ist reif, Zeit ist da, Tage sind gezählt, wenn die Sonne untergeht.
Kirsten soll entscheiden, keine Angst, alles ist gut.
Ich will mit dem Wind gehen, alles in Liebe, Gedanken frei, Verbunden.
Kirsten wird wissen, wann es soweit ist.
Sie soll gut schlafen, ich tu es auch.
Sie soll weitergehen, einen Fuß vor den anderen.
Sie wählt Ihren Weg, neue Dinge sind da.
Licht, Leben, Energie, Leichtigkeit, Gedanken, Loslassen, Vernunft, Reichtum, Kapazität, willensstark, Gedanken gut.
Sie soll sich nicht sorgen.
Ich will Möhren, keine Extraportion Futter."

Kirstens Kommentar

„Mirna war dämpfig. Ich habe mit mir gerungen ob, wann etc. ich sie einschläfern lasse. Anneke Freudenberger (Anne und ich kennen uns seit drei Jahren, wir haben uns bei einem Seminar kennengelernt und auf Anhieb gut verstanden) hat mit ihr kurz vor ihrem Tod gesprochen. Es hat mir in der Entscheidungsfindung geholfen, obwohl auch andere damalige Bekannte nach dem Gespräch mit Mirna zu mir kamen und sagten, es wird Zeit. Nach dieser Kommunikation war ich mir dann sicher. Bauchgefühl. Drei Tage später habe ich die Tierärztin hergebeten. Auch sie kannte Mirna und mich schon lange und riet zu. Am 19.7.05 war das Gespräch und am 22. ist sie eingeschläfert worden. Nachdem Mirna gestorben war wusste ich, warum sie übermittelt hat: „Vermeide Streit“. Die Besitzerin des Stalles wollte partout nicht, dass ich mein Pferd „umbringe“ – ihr ginge es doch noch so gut. Mirna würde doch mit den anderen noch zur Wiese hochgaloppieren, wäre so lebensfroh, argumentierte sie. Nur wie Mirna dann geatmet hat, ist ihnen allen nicht aufgefallen! Die Stallbetreiberin wollte Mirna schon auf eine Wiese in die Eifel fahren, damit ich sie nicht einschläfere. Anscheinend hatten die Stallbesitzer sie auch in ihr Herz geschlossen. Aber es half ja nichts. Ich durfte mir so allerlei anhören. Darunter auch, dass ich Mirna nur einschläfern ließe, weil ich die Stallmiete nicht mehr zahlen wollte ... und so weiter.

Am Tag, als Mirna eingeschläfert wurde, sagte die Betreiberin glatt, sie wüsste nicht, ob das ginge. Das Wetter sei so schlecht und ihr Mann (Landwirt) müsste eventuell die Hänger mit Getreide in die Halle stellen. Davor war schon ihr Mann auf mich zugekommen und schlug vor, warte doch noch bis nach der Ernte! Das ist doch unfassbar?! Mein Pferd hat nach zwanzig Metern geatmet wie eine Pfeife. Ich habe selbst mit Asthma zu tun und weiß wie das ist! Das war für sie kein lebensfroher Zustand mehr. Es ging ihr wirklich sehr schlecht.

Auch was Mirna in ihrem letzten Protokoll über das Futter mitteilte, hat genau gepasst ... Mirna wurde tatsächlich abends eingeschläfert. Vorher war sie noch auf der Weide. Die Stallbesitzerin kam zu mir und sagte, sie würde mir noch Futter in die Halle stellen. Da ich Mirnas Worte kannte, sagte ich ihr, ich bräuchte kein Extrafutter. Sie schaute mich daraufhin sehr grimmig und verständnislos an. Warum sollte ich ihr das denn ausschlagen? Also habe ich klein bei gegeben und gesagt, ok, stell es hin ...
Nun. Als ich dann mit Helga, der Tierärztin in die Halle gegangen bin, stand ein Eimer mit ein bisschen Kraftfutter und MÖHREN drin bereit. Auf dem kleinen Stück Betonplatte war Stroh aufgeschüttet. (Die Tierköperverwertung holt bei uns die Tiere nur ab, wenn sie auf „vernünftigem" Boden liegen). Dann hat Helga meine liebe Mirna eingeschläfert. Es ging alles ganz schnell. Mirnas letzte Amtshandlung war: Sie ist kurz gestiegen, als sie die Spritze bekommen hat und dann, eigensinnig wie sie war, natürlich nicht auf der blöden Betonplatte gelandet. Ich habe, glaube ich, genau das in dem Moment gesagt, das ist meine Mirna, eigensinnig bis zum Schluss.
In der Zeit danach war insbesondere die Besitzerin sehr komisch und blöd. Sie konnte wohl nicht verstehen, dass ich es wirklich durchgezogen hatte. Dazu sicher auch Eifersucht auf meine Freundschaften mit verschiedenen Menschen im Stall, die wohl zu mir gehalten haben. Doch ich erinnerte mich an Mirnas Worte: VERMEIDE STREIT. Im Stall geblieben bin ich, weil ich zu dem Zeitpunkt einen Friesen geritten habe, Carlos, der mir sehr über den Schmerz hinweggeholfen hat. Und sein Besitzer ist mir bis heute ein guter Freund. Er war auch dabei, als Mirna eingeschläfert wurde. War wohl eine gute Lernaufgabe dahinter. Auch mit den übrigen Äußerungen hat meine Stute Recht behalten. Auf meinem weiteren Weg sind die Worte Loslassen, Vernunft, Reichtum etc. ein guter Begleiter gewesen. Durch die ganze Situation im Stall habe ich sehr viel gelernt, loslassen können. Man denkt darüber

nach, weiterhin mit den Menschen zu diskutieren oder es einfach bleiben zu lassen. Mirnas Tod hat Veränderung in vielerlei Hinsicht gebracht, im Stall und auch, was meinen Lebens-, spirituellen und beruflichen Weg betrifft. Und was mich besonders freut: Noch heute reden einige im Stall sehr wertschätzend von meiner lieben Mirna.
Die erste Trauerzeit war für mich wirklich schwierig. Ich habe Freundinnen, die sprituell arbeiten und die haben mir geholfen loszulassen. Ich wusste dann anhand von eigenen Bildern, die beim Meditieren entstanden sind, dass es Mirna gut geht. Doch es hat auch seine Zeit gebraucht. Nach anderthalb Jahren konnte ich endlich ohne eine Träne in den Augen über meine Mirna sprechen."
Kirsten Ruland, Kerpen

Neben dem Wunsch auf humane Weise Leiden zu verkürzen, steht der Begriff vom natürlichen Tod.
In freier Wildbahn, das wissen wir, stirbt kein Pferd quasi „im Bett", schläft abends ein und wacht morgens nicht mehr auf oder fällt einfach um, den Grashalm noch im Maul. **Das sind** unsere **Vorstellungen von einem schönen Tod.**

Dennoch halte ich es für gefährlich, die freie Wildbahn mit unseren domestizierten Pferden zu vergleichen. Es sind Hauspferde, keine Wildpferde!
Wildpferde nutzen sich die Hufe selber ab, sie kauen sie sogar ab, wenn sie zu lang sind oder unregelmäßig wachsen. Heißt das, wir sollen auf Schmiede und Huforthopädie verzichten?
Sie fressen kein Kraftfutter, sie stehen nicht in Boxen, sie suchen sich ihre Gesellschaftstiere selber aus – sie sind frei. Mit allen Vor- und Nachteilen: Wenn sie schwach sind, krank oder alt, werden sie aufgefressen. In schlimmen Wintern erfrieren oder verhungern sie. Das können und wollen wir nicht in Gefangenschaft „nachstellen".

Wir können domestizierte Pferde nicht einfach freilassen, selbst wenn wir es wollten. Wir können das Rad der Zeit nicht zurückdrehen. Wir können immer nur halbwegs gute Annäherungen an pferdegerechte Haltung schaffen. Im Prinzip ist „Haltung" nie pferdegerecht – aus einer gewissen Warte heraus betrachtet.

Wenn wir aber schon Pferde haben, sollten wir das so artgerecht wie möglich tun. Keine Frage.

Und wieder sind wir bei den Glaubensfragen: Soll ich das Raubtier imitieren, indem ich den Sterbeprozess abkürze? Und wie? Und wann? In welchen Situationen?

Es kann hier keine generelle Antwort geben.

Unsere Medizin und Futtermittelindustrie hat sich soweit entwickelt, dass kein Pferd mehr sterben muss, wenn es altersbedingt oder durch Unfall beispielsweise einen Teil seiner Zähne verliert.

Trotzdem könnte ich mit der Natur vergleichen und sagen: Wenn es im hüfthohen Weidegras verhungern würde – ist es Zeit. Ist es dann Zeit, auch wenn es sonst noch viel Spaß am Leben hat und eingeweichte Heucobs mit viel Appetit zu sich nimmt?

Mein Wallach sagt eindeutig nein und galoppiert mit seinen vierunddreißig Jahren fröhlich buckelnd über die Weide und ist schneller als meine Stute, die noch geritten wird, wenn ich ihn als Handpferd mitnehme.

Die meisten scheinbar gesunden Hauspferde würden ebenfalls keinen Winter in freier Wildbahn überleben. Mit der Domestikation haben wir eine ganz andere Basis geschaffen. Früher brauchten wir die Pferde, heute brauchen unsere Pferde den Menschen, um überleben zu können.

Auch unter allen Umständen, um zu sterben?

Kann die Domestikation, die Möglichkeit für ein Pferd, sich beispielsweise ruhig zum Schlafen hinlegen zu können, ohne nach Wölfen Ausschau halten zu müssen, seine Bindung an den Menschen nicht noch andere, weitreichendere Konsequenzen beinhalten?

Die Gnade, einen schnellen Tod bringen zu können, wo langes Leiden anstünde, ist unbestritten. Aber sie hat auch eine Kehrseite: Was ist mit der Gnade, in Ruhe und Zeit Abschied von Freunden nehmen zu dürfen? Und das aus beider Perspektive und keineswegs einseitig? Auch das hat mit einem Gehen in Würde zu tun.

Wann ist unsere Hilfe unabdingbar? Wann kann und möchte das Tier allein gehen?

Um die Antwort auf die Frage nach dem mystischen „richtigen Zeitpunkt“ für ein Eingreifen seitens des Menschen zu finden oder des sich Verwehrens gegen alle gut gemeinten Ratschläge seitens der Umwelt müssen wir ehrlich in uns gehen.

Wir müssen immer alle Faktoren abwägen, in der Situation entscheiden. Es ist ein schmaler Grat und wir können nur darauf vertrauen, dass wir uns selbstlos führen lassen. Es gibt eine Zeit zu leben und eine Zeit zu sterben. Nähern wir uns ihr bestmöglich an, indem wir auf unsere innere Stimme hören, auf unseren Bauch, unser Gefühl – und unsere Tiere.

Emirs Abschied

„Emir war zwei Jahre alt, als er anfing zu lahmen, zweieinhalb, als er die Diagnose „Hufrolle“ gestellt bekam und vier Jahre alt, als er als Beistellpferd mit Schutzvertrag bei späteren Freunden von mir landete.

Er war zehn Jahre alt, als wir uns kennenlernten. Als ich seine Weide betrat, riss er den Kopf hoch und kam auf mich zu. Er schnupperte mich ab, stupste mich und begann, mir in aller Ruhe die Haare vom Kopf zu knabbern. Erst sehr viel später, als ich die

Möglichkeiten der Tierkommunikation zu nutzen gelernt hatte, erzählte er mir, dass er die ganze Zeit auf mich gewartet hatte und sich im Gegensatz zu mir auch an ein früheres, gemeinsames Leben erinnern konnte. Schon lange bevor ich von Tierkommunikation hörte, hatte er schon Wege gefunden, mir seine Wünsche mitzuteilen. Zum Beispiel fing ich irgendwann an, ihm einen zusätzlichen Wassereimer in die Box zu stellen, obwohl er eine sehr gut funktionierende Selbsttränke hatte.

Die Diagnose „Hufrolle" stellte sich bald als falsch heraus. Er litt an Borreliose. Mehrere Therapien ermöglichten, dass es ihm daraufhin lange gut ging. Aber sein Tod war allgegenwärtig.

Ich begann sehr früh, mich mit dem Thema zu beschäftigen und sprach auch häufig mit ihm darüber. Wenn ich aufgeben wollte, weil ich seine Schmerzen nicht mehr zu ertragen glaubte, wurde er wütend und ungeduldig. Er – und nur er alleine – wollte bestimmen, wann er gehe. Wir vereinbarten ein Zeichen, das er mir geben würde, wenn er beim Sterben Hilfe wolle.

Ich hatte ganz klare Vorstellungen – oder waren es seine Wünsche? – wie sein Sterben ablaufen sollte. Es sollte an einem Sonntagabend sein, wenn kein anderer mehr im Stall war. Und für mich unvorbereitet. Der Boden sollte noch warm sein von der Sonne des Tages und alles ruhig und still. Sein bester Freund, mein jüngstes Pferd, sollte bei ihm sein. Und ich wollte ihn nicht fallen sehen müssen. Ich wollte seinen Kopf in meinen Armen halten und genug Zeit haben, in Ruhe zu spüren, wie seine Seele den Körper verlässt.

Er starb genauso, wie ich es mir gewünscht hatte. Nachdem er ein letztes Mal über den Reitplatz getobt war, legte er sich hin und gab mir unser vereinbartes Zeichen. Dann ist er in meinen Armen eingeschlafen." Kerstin Huxol, Hannover

Noch ein Wort zum „richtigen Zeitpunkt" aus schamanischer Sicht von Ulrike Buergel-Goodwin: *„Viele Tierbesitzer empfinden es als schwer, den sogenannten ‚richtigen Zeitpunkt' abzu-*

passen, kaum jemand traut sich, einen Alterstod abzuwarten oder ihn dem Tier zuzugestehen. Man kommt ins Dilemma: Fluchttier, lebenswertes Leben, möchte dem Tier Leid ersparen ... und Behinderung ist bei einem Pferd anders als bei den Raubtieren Hund oder Katze, die ja ‚auch auf drei Beinen' noch durchaus Freude am Leben empfinden können, weil sie sich sicher fühlen ... Andererseits, das domestizierte Pferd ist eben nicht mehr das in freier Wildbahn lebende, wo es eben keinen ‚geruhsamen Alterstod' gibt, der ist eine Art zivilisatorisches Artefakt, wie die lebensverlängernde Apparatemedizin in unseren Kliniken. In der Natur würde das zu schwach gewordene und ja oft auch ausgegrenzte Tier gerissen werden.

Solche Fragen sind nicht leicht zu beantworten. Zuerst möchte ich die Dramatik der Frage entschärfen, die dadurch entsteht, dass sie sich mit der Angst verbindet, etwas falsch zu machen, Schuld auf sich zu laden. Wie immer, hilft wirklichkeitsnahes Denken am meisten. Der Blick auf unseren Körperbau zeigt uns, dass wir ein Säugetier sind. Der Blick auf andere Säugetiere macht uns klar, dass Moral eine Fiktion ist. Sie ist ein emotionales Nebenprodukt – vielleicht sogar Auswuchs – unseres biologischen Lebenskonzepts Rudeltier. Im Kern ist dieses Lebenskonzept überlebenswichtig, Fürsorge, Hilfsbereitschaft, Respekt usw. Sein Nebenprodukt Moral aber kann unreflektiert hinderlich, schädlich, sogar zerstörerisch sein. Oftmals ist es hilfreich und nötig, sich zu vergegenwärtigen, dass Moral in der Natur nicht vorkommt. Moralgefühl kommt aus Moralvorstellungen. Die können von subjektiv bis suspekt reichen. Wir sind bei Geburt ein offenes System, wir sind offen, Gruppenregeln zu lernen, die unser Überleben sichern. Dabei kommt manches heraus, das sonderbare Blüten treibt! Bleiben wir lieber bei der Wirklichkeit. Die ist: Wir sind als Menschen dazu da, um wir zu sein, nach menschlichem Ermessen zu handeln. Wir müssen uns nicht aufblasen, um ‚fehlerfrei zu handeln wie der liebe Gott', sondern wir dürfen demütig sein angesichts der Größe der Natur und vertrauen, dass wir aus der Anbindung unserer Sinne ans Ganze gute Führung bekommen, wenn wir guten Willens sind. Man kann auch mit dem Tier sprechen (oder sprechen lassen), aber nicht immer ist das Ergebnis unbedingt strikt verbindlich. Wie der Mensch, verwechseln auch manche andere Tiere gelegentlich Wunsch und Bedürfnis. Zu erfüllen gilt es das Bedürfnis. Wie jede fürsorgliche Person, die sieht, es geht nicht mehr, muss man manchmal mit dem Tier einen Dialog beginnen und sehen, was es noch braucht, um einwilligen zu können. Letztlich bleibt nur, seinem Herzen zu folgen.

Du bist deinem Herzen gefolgt und trotzdem fühlst du dich schuldig? Töten ist ein Tabubruch und erzeugt dieses Schuldgefühl. Wie schrecklich, wenn wir unter dem gnadenlosen Urteil von Moralvorstellungen sein müssten. Nie könnte man sich aus der Schuld befreien. Glücklicherweise ist Moral ein Produkt unseres Denkens. So ist es möglich, etwas zu verändern. Was ist Schuld tatsächlich, wenn sie nichts untilgbar Böses ist? Die Antwort ist: Etwas Tilgbares, ein Ungleichgewicht, verlorene Balance. Auch in uns selber. Schuld ist nicht die Sünde religiöser, sexueller, weltverniedlichender oder sonstiger wirklichkeitsferner Moral, etwas, das einen vernichtenden Richtspruch herausfordert, sondern die Notwendigkeit, sich und die Umstände wieder ins Gleichgewicht zu bringen. Dieser Prozess sieht in jedem Einzelfall anders aus. Töten ist ein Bumerang. Jede Kugel trifft nicht nur die Beute, sondern immer zugleich den Jäger. Mitten ins Herz. Während die Seele des eingeschläferten Tieres ihren Weg im Kreislauf des Lebens weitergeht, bleiben wir verwundet zurück und müssen heilen, indem wir die oft harten Notwendigkeiten der Wirklichkeit anzunehmen lernen. Glück ist das Talent zum Schicksal. Unter Schuldgefühlen zu leiden, heißt dagegen, dass wir noch nicht tief genug verstanden haben, dass wir im Rahmen unserer Möglichkeiten getan haben, was zu tun war. Manche würden dazu sagen: Die Wirklichkeit ist kein Wunschprogramm."

Shella

Shetlandponystute, weit über dreißig Jahre alt

Tierkommunikationsprotokoll vom 5. Dezember 2007

„Müde, einfach so müde. Aber es ist nicht schlimm, wenn es Zeit ist zu gehen. Ich löse mich langsam. Das Licht zieht mich an. Ich spüre es näher kommen, aber noch ist nicht ganz Zeit. Ich warte noch. Es wird kommen, so oder so. Lasst mich hier nur noch ein wenig atmen. Dann werde ich mich wie eine Kerze ausblasen (lassen). Es macht keinen Unterschied mehr, auf welche Weise. Aber es ist kein Handeln von eurer Seite angezeigt jetzt. Lasst auf uns zukommen, was geschehen will. Ruhe. Ich lebe Ruhe, ich atme Ruhe, ich bin Ruhe, und ich wünsche Antonia, dass sie ein wenig davon mitnimmt für sich, in sich auf. Wir hatten viele schöne Jahre und ich weiß um meine Stellung hier. Das Geschenk, dass ich sein durfte. Bleiben, eine verlängerte Frist. Eine Chance. Ich habe gearbeitet, das hat mir Sinn gegeben. Ich habe mich revanchieren dürfen und etwas von dem zurückgegeben, was ich erfahren habe.

Natürlich ist ein wenig Wehmut und Traurigkeit, aber ich bin geborgen hier und werde es drüben sein. Ich werde zu Licht. Was kann schöner sein? Hier ist Frieden. Schwerelosigkeit. Liebe. Glanz. Ist das nicht unser aller Sehnsucht? Wir tragen die Quelle immer in uns, wir kehren in uns zurück. Wir werden wieder zum Embryo in einer unendlichen Allheit. Alles ist eins, nicht mehr geteilt.

Manchmal fällt das Atmen schon ein wenig schwer, das Sichfinden im Hier und jetzt, weil sich die Grenzen auflösen, vermischen.

Weihnachten. Da lebt ein wenig dieser Zauber, das Wunder in euch auch. Das ist eine gute Zeit zu gehen. Wir werden sehen. Es gibt viele gute Zeiten. Mir ist danach, nicht mehr sehr viel länger zu bleiben. Ich kann und will die Strukturen nicht mehr so lange halten. Ich bin müde, ich möchte schlafen, ich freue mich auf zu Hause. Und ich mache mir keine Sorgen um die, die hier bleiben, denn sie sind immer bei mir. Es gibt kein ‚Ohne'.

Es ist schön, wenn sie hier ist, es ist schön, wenn sie es mir warm und weich macht und mich streichelt. Ich brauche jetzt auch Zeit für mich, aber sie hat großes Gefühl und Respekt. Wir können das miteinander leben, auch das Sterben, das ist ein großes Geschenk der Liebe. Ich danke ihr für alles. Sie hat mich gelehrt, wie groß Menschen sein können und dass sie sich berühren lassen von einem Wesen wie mir. Klein und grau innerlich. Niemand nach mir wird für sie mehr eine Nummer zwei sein. Denn das war mein Platz. Für Rölli wird es sich finden.
Es geht mir gut, bitte akzeptiert das und zwingt mich zu nichts mehr. Das soll jetzt aufhören. Die Schmerzen lindern ist schön, aber es ist nur dumpf und ganz weit weg. Ich halte es aus. Es gehört dazu. Ihr habt einen komischen Stellenwert für diese Dinge.
Ich hätte mich wehren können gegen die Kinder (sie schmunzelt), hab ich aber nicht. Es war in Ordnung, auch wenn es nicht immer ganz in Ordnung war. Es gehörte dazu. Wenn das der Preis war, da sein zu dürfen, hab ich ihn gern ‚bezahlt'. Es hat mir Spaß gemacht und Leben gezeigt mit den Kleinen.
Ja, ich bin besonders, und du auch. Vergiss das nie, Antonia. Auch du warst und bist ein Stern für mich. Wir haben beide viel voneinander gelernt. Ich liebe dich auch. Ich danke dir, und es ist alles gesagt. Lass uns die Zeit, die bleibt, im Herzen verbringen, ohne große Worte. Es ist alles gesagt.
Vielleicht gehe ich mit dir an der Hand noch mal grasen. Das hat immer viel Freude gemacht.
So etwas wie Zeit gibt es nicht, ich war, bin und bleibe immer. Wir ändern nur die Form. Letztlich ist alles Illusion. Ich bin müde jetzt, aber ich fühle mich leicht und hell. Ich schwebe in mir. Es ist alles in Ordnung, schön und Friede. Friede."

Feedback von Antonia, Shellas Besitzerin

„Liebe Karin, ich danke dir von ganzem Herzen für dieses Protokoll, auch dafür, dass du mir so schnell geantwortet hast (innerhalb von ein bis zwei Tagen) und vor allem auch, dass du mir in dieser Zeit ‚Hilfe‘ und ‚Stütze‘ gewesen bist, war doch für mich noch Einiges ungesagt und ungeklärt ... es war sehr wichtig für mich, mit Shella noch einmal über dich kommunizieren zu können. Danke, dass du das für uns gemacht hast ... Ich empfinde wirklich große Dankbarkeit!

Jetzt ist alles gesagt und ich fühle diesen tiefen inneren Frieden zwischen uns und auch in mir. Wir genießen die Zeit jetzt in uns. Die Zeit, die wir jetzt noch haben ist sehr hingebungsvoll, intensiv und schön. Es wird nichts mehr gesagt, ist ja alles ausgesprochen ... wir SIND einfach. Wir teilen und fühlen die Nähe des anderen und sind einfach ZUSAMMEN – und das werden wir immer bleiben!

Shella ist so eine weise Seele, das wusste ich schon immer, vor allem auch, weil ich so viel von ihr gelernt habe (Geduld, Ruhe, Bedächtigkeit, Frieden), Shellas Text bestätigt es und es ist wunderschön ihn zu lesen und ihn immer wieder lesen zu können ... DANKE dafür!

Shella hat mich nun auch noch durch das Protokoll gelehrt, dass es keinen zweiten Platz gibt – nie wieder werde ich so denken, zweiter Platz, in Zahlen, Rängen und Ordnungen, es stimmt, es gibt keinen zweiten Platz, es ist Shellas Platz .... Danke, dass ich ihn ihr geben durfte! Es war meine Aufgabe, sie vor dem Schlachter zu retten und ihr noch einige Jahre ‚Leben‘ zu schenken .... Das wusste ich, als ich sie zum ersten Mal sah.

Shella ist immer ‚mein Ruhepol‘ gewesen und das ist sie auch immer noch .... Wenn ich in ihrer Nähe bin, sie streichle, putze oder nur neben ihr sitze, werde ich einfach nur ruhig, gehe in mich ... diese, ihre Ruhe dringt ein und erdet. Für mich ist das sehr wichtig, denn in meinem hektischen Dasein beherrschen Stress, Schnellig-

keit und Eile viel zu oft mein Leben – wir durften uns oft ‚ausgleichen' und ‚angleichen' ... :-) DANKE dafür.
DANKE auch dafür, dass ich jetzt weiß, wie es sich anfühlt, wenn man in der Zeit des ‚Hinübergehens' ist ... . und DANKE vor allem auch, dass ich ihn mit Shella mitgehen darf ... und dass ich sie dieses letzte gemeinsame Stück in dieser Dimension begleiten darf, wie sie mich jetzt auch viele Jahre durch mein, unser Leben begleitet hat ... Liebe Karin, ich danke dir nochmal von ganzem Herzen für deine Hilfe (es ist in Worten wirklich nicht auszudrücken), UMARMUNG!
Shella ‚lebt' ... Es geht ihr tageweise richtig gut, da LÄUFT sie auf die Weide und dann gibt es Tage, da mag sie sich gar nicht aus der Box bewegen ... es ist in Ordnung so! Wir gehen diesen Weg gemeinsam."

Alles Liebe von Antonia Zellner, Steyr in Österreich

Wenn die Stunde schlägt – Energetische Hausmittel zu Ihrer beider Unterstützung

„Denk Dir ein Bild. Weites Meer.
Ein Segelschiff setzt seine weißen Segel
und gleitet hinaus in die offene See.
Du siehst, wie es kleiner und kleiner wird.
Wo Wasser und Himmel sich treffen,
verschwindet es.
Da sagt jemand: nun ist es gegangen.
Ein anderer sagt: es kommt.
Der Tod ist ein Horizont, und ein Horizont
ist nichts anderes als die Grenze
unseres Sehens.
Wenn wir um jemanden trauern,
freuen sich andere,
ihn hinter der Grenze wiederzusehen."

(NACH PETER STREIFF)

In östlichen Kulturen, vor allem der buddhistischen Tradition, ist der Umgang mit Sterben und Tod ein ganz anderer als bei uns „im Westen". Das berühmte tibetische Totenbuch basiert auf diesen Lehren. Und hier geht es keinesfalls darum, den Tod zu glorifizieren und das Leben ins zweite Glied zu stellen, sondern im Gegenteil: Durch die Heranführung an eine Lebenspraxis, durch die der Tod seinen Schrecken verliert, gewinnt der Alltag an Authentizität und Lebensfreude.
Der Dalai Lama schrieb im Vorwort zu Sogyal Rinpoches „Das tibetische Buch vom Leben und Sterben": *„Da ich weiß, dass*

ich mich dem Tod nicht entziehen kann, sehe ich keinen Sinn darin, mich vor ihm zu fürchten. Ich sehe den Tod eher so, wie wenn man Kleider wechselt, wenn sie alt und abgetragen sind, und nicht als letztes Ende. Doch der Tod ist nicht vorherzusehen: Wir wissen weder wann noch wie er uns ereilen wird. Daher ist es klug, sich auf ihn vorzubereiten, bevor es soweit ist. (...) Wenn wir also gut zu sterben wünschen, müssen wir lernen, gut zu leben. (...) Nicht weniger wichtig als die Vorbereitung auf unseren eigenen Tod ist es, anderen zu helfen, gut zu sterben. (...) In diesem Zusammenhang ist es am wichtigsten, alles zu verhindern, was den Geist des Sterbenden noch mehr verstören könnte, als er ohnehin schon sein mag. Unser Hauptziel in der Unterstützung von Sterbenden muß es sein, ihnen Gelassenheit zu bringen, und hierzu gibt es viele Möglichkeiten.“

Und was für Menschen gilt, hat natürlich auch für unsere Pferde seine Richtigkeit. Es ist an uns, ihnen ein gutes Leben zu bescheren.

Wenn wir nicht zu Lebzeiten gut für unsere Tiere sorgen, ihnen artgerechte Haltung, Sozialkontakte, Liebe und Pflege angedeihen lassen, dann kommt der Tod, egal in welcher Form, nur noch als eins: Erlösung.

Neben der geistigen, spirituellen Auseinandersetzung mit dem Thema Tod und Sterben, steht uns auch ganz Greifbares zur Verfügung:
Ein Griff zur Alternativmedizin kann Ihnen und Ihrem Pferd vorbereitend und auch in einer akuten Schocksituation gut helfen. Hier habe ich Ihnen ein paar ganz unterschiedliche, aber allesamt sehr effektive Mittel und Methoden zusammengestellt, die Ihnen helfen können, im Vorfeld, während und nach dem Tag X, also in der Sterbebegleitung.

Bach-Blüten

Die Wässerchen nach Dr. Edward Bach helfen uns, im Gleichgewicht zu bleiben und leichter mit allen möglichen Stressoren und Krisensituationen umzugehen. Sie unterstützen Mensch wie Tier gleichermaßen und sollten auch immer von Tier *und* Halter eingenommen werden, denn letztlich sind wir immer mitbetroffen, wenn es unserem Vierbeiner nicht gut geht.

Die sogenannten Notfalltropfen oder auch Rescuetropfen sollten in keiner Hausapotheke fehlen. Sie helfen körperliche wie seelische Notzustände zu überwinden. Die Rescue-Bachblütenmischung ist eine Kombination aus Cherry Plum (für innere Gelassenheit), Clematis (Klarheit), Impatiens (Geduld), Rock Rose (Ruhe in Notsituationen) und Star of Bethlehem (Überwindung von Schockfolgen). Besorgen Sie sich ein Fläschchen für Akutsituationen aus der Apotheke und trinken Sie beispielseise schluckweise ein Glas Wasser, in das Sie fünf bis zehn Tropfen des Konzentrats geträufelt haben. Ihrem Pferd können Sie die Tropfen direkt auf die Schleimhaut (Zahnfleisch) oder auf ein Stück Brot geben. Diese Tropfen können Sie im Prinzip nicht überdosieren, das heißt, wenn Sie möchten, stehen Sie am Tag X quasi damit auf, nehmen Sie beide eine Dosis, spätestens eine Stunde bevor der Tierarzt/Schlachter kommt, und dann noch mal direkt bevor es losgeht.

Sie können hinterher ebenfalls eine Dosis einnehmen: So oft und so lange es Ihnen gut tut. In der Regel zwei bis viermal täglich, ein bis mehrere Tage lang.

Ergänzen können Sie die Mischung gegebenenfalls mit Gorse, der sogenannten Entscheidungsblüte: Für Lebewesen, die im Sterben liegen, kann diese Blüte helfen, sich eindeutig dem Leben oder dem Sterben zuzuwenden.

In der Trauerarbeit können Ihnen Honeysuckle und Walnut helfen, das Leben zu bejahen, jeden neuen Tag auch als neuen Anfang zu sehen und zu erleben und im Hier und Jetzt zu bleiben. Wenn Sie diese Bach-Blüte schon während einer Sterbebegleitung einnehmen, für die Sie sich bewusst entscheiden, wird Ihre Wahrnehmung sich schärfen. Sie werden nun auch aufmerksam für die Kraft und Stärke, die von Ihrem sterbenden Tier ausgeht – auch ein geschwächter Körper hat Energie. Wenn Sie sich schwach fühlen und Ihre eigene Energie nicht mehr spüren, nehmen Sie Olive und Larch ein.
Elm und Gentian gelten als „Wandlungsblüten" – das heißt, sie unterstützen Sie darin, das Geschehende oder Geschehene anzunehmen und anzuerkennen.
Impatience schließlich kann Ihnen helfen, geduldig mit sich selbst und der Situation zu bleiben und den Weitblick wiederzufinden: Alle Phasen gehen vorüber, das ist ihre Kerneigenschaft.
Water Violet hilft uns, in Demut zu vertrauen.
White Chestnut stärkt unsere Gedankenkraft.

Homöopathie

Um Medikamente aus diesem Bereich sinnvoll einsetzen zu können, bedarf es etwas mehr als einiger Grundkenntnisse.
Nur soviel:
Arsenicum Album wird als Standardmittel der Wahl gesehen, um beim Sterbenden und seinem Begleiter akute Angst und Unruhezustände zu harmonisieren. Auch bei Zuckungen und Krämpfen kann es helfen. Es kommt jedoch immer auf Situation und Umstände an.
Sprechen Sie Ihren Tierheilpraktiker oder Homöopathen an. Auch in der Sterbebegleitung finden Sie hier kompetente Ansprechpartner. Es ist sicher von Vorteil, wenn er oder sie Ihr

Pferd ohnehin schon als Patienten kennt, denn das richtige homöopathische Mittel richtet sich nicht nur nach Symptomen und Begleiterscheinungen, sondern auch nach Konstitution, Typ, Gemüt, Neigungen.

Kinesiologie

Wenn Sie das Gefühl haben, nicht mehr klar denken zu können und völlig überlastet/überfordert zu sein, hilft die folgende Erste-Hilfe-Maßnahme: Halten Sie mit einer Hand Ihre Stirn, mit der anderen Ihren Hinterkopf oder bitten Sie jemanden, dies für Sie zu tun. So bringen Sie Ihre festgefahrene Festplatte wieder zum laufen und verknüpfen Ihre Hirnhälften miteinander. Atmen Sie ganz bewusst tief ein und aus, bis es Ihnen besser geht und Sie wieder ruhiger und klarer denken können.

Meridian-Klopftechnik

Wenn Sie Panik und Stress überkommen (auch gut zur Vorbereitung – zum Beispiel gleich jetzt, während Sie dies lesen) können Sie die folgende Übung machen und so oft wiederholen, wie Sie mögen. Wenn Ihnen das beim Lesen etwas schräg vorkommt – trauen Sie sich trotzdem und probieren Sie es einfach mal aus. Sie werden überrascht sein, wie sehr es hilft, wenn man sich überwunden hat.

- Klären Sie für sich, wie hoch Ihr Stress auf einer Skala von eins bis zehn mit einem bestimmten Thema in diesem Zusammenhang ist:
- Formulieren Sie dies in einem Satz. Etwa: „Die Angst, mein Pferd zu verlieren“, „Die Angst, die falsche Entscheidung zu treffen/getroffen zu haben“, „Die Angst, dem Ganzen nicht gewachsen zu sein“, „ ... nicht loslassen zu können“, etc.

- Ihr Satz für die folgende Übung lautet dann vollständig: „Obwohl ich diese Angst habe, (... Thema ...) liebe und akzeptiere ich mich aus ganzem Herzen."
- Diesen Satz wiederholen Sie **mit geöffneten Augen** (!), während Sie die nachfolgenden Punkte mit allen zehn Fingerkuppen rhythmisch leicht klopfen:
- Zuerst mit allen zehn Fingerkuppen in einer Linie das Scheitelbein, also eine gerade Linie von vorn nach hinten mittig auf dem Kopf.
- Dann die Augenbrauen, eine Hand links, die andere gleichzeitig die rechte Augenbraue.
- Nun die Jochbeine, leicht von oben, so als ob Sie den Satz einklopfen wollten.
- Jetzt mit den beiden Handkanten den Schädelansatz, also eine eher waagrechte Linie rechts und links der Wirbelsäule, etwa auf Höhe der Ohren.
- Danach die Tränenkanäle, genau die Linie, in der die Tränen übers Gesicht laufen, die Arme dabei wie Flügel waagrecht abgespreizt, wieder gleichzeitig mit den Fingerkuppen der linken und rechten Hand.
- Dann kommt der Bereich knapp über der Oberlippe dran, die Fingerkuppen beider Hände klopfen rhythmisch nebeneinander, während Sie immer noch mit geöffneten Augen Ihren Satz sagen.
- Nun dasselbe knapp unter der Unterlippe in der Kinngrube.
- Jetzt rechts und links knapp unterhab der Schlüsselbeine.

Und danach mit den Handkanten und Schmackes seitlich gegen die Rippen klopfen. Dran denken: Bei jeder Position wiederholen Sie mit geöffneten Augen Ihren Satz!
- Abschließend folgt die Neuprogrammierung: Schlagen Sie dabei sanft Ihre Handkante der einen in die andere Hand und wechseln Sie nach jedem Satz: Wiederholen Sie also jeweils

zweimal: „Ich bin frei!“, „ich darf ... („mein Pferd gehen lassen“, „in Frieden Abschied nehmen“, „die richtige Entscheidung finden“, „loslassen“, „ich habe Kraft und Mut“, „wir beide schaffen das“ und schließen Sie noch einmal mit , „ich bin frei“, „wir sind frei“.

▸ Prüfen Sie nun, wie weit Ihr Stresspegel gesunken ist. Bei Null angelangt? Wunderbar! Wenn Sie das noch nicht ganz erreicht haben – kein Problem – klopfen Sie noch einmal von vorn!

Schüßler-Salze

Für Ruhe und Entspannung, auch in Schocksituationen hilft Ihnen und Ihrem Pferd das Schüßler-Salz Nummer sieben: Magnesium. Lösen Sie am besten zehn Tabletten in etwas heißem Wasser auf, trinken Sie schluckweise und spülen Sie damit Ihren Mund, bzw. flößen Sie es Ihrem Pferd vorsichtig ein, sodass Sie die Substanz direkt über die Schleimhäute aufnehmen oder die Ihres Pferdes damit benetzen.

Ambars Geschenk

„Vor acht Jahren musste ich ein Pferd gehen lassen. Mein Gidran ‚Ambar‘ bekam eine heftige Kolik und wir brachten ihn in die Klinik.

Die normale Behandlung schlug leider nicht an, so dass ich die Entscheidung Kolik-OP oder nicht treffen musste.

Ambar war ein Pferd, das lange Jahre im Offenstall gelebt hatte und regelrecht beleidigt war, wenn er mal vorübergehend „eingesperrt“ wurde.

Damals hieß es noch, dass kolikoperierte Pferde lange Zeit in der Box stehen mussten. Mir war spontan klar (Bauchgefühl), dass ich das meinem Pferd nicht antun wollte. So entschied ich, dass der

Tierarzt weiter mit allen Mitteln versuchen sollte meinem Pferd zu helfen, ich aber auf die Operation im Sinne des Pferdes verzichten wollte. Ich möchte dazu erwähnen, dass die Pulswerte zu dem Zeitpunkt nicht mehr gut waren und es fraglich schien, ob das Pferd die Narkose überhaupt überleben würde.
Mein Pferd hat unglaublich um sein Leben gekämpft. Er stand in seinem Behandlungsstand am Tropf und verfiel zusehends. Wenn ich in den Raum kam, ging ein Glänzen durch seine sonst schon trüben Augen und er raffte sich auf, um Leben zu zeigen. Leider war sein Darm perforiert und der Tierarzt erlöste ihn per Euthanasie, als seine Schmerzen zu groß wurden.
An dem Vormittag empfand ich eine große Leere in mir (ich habe dem Tierarzt die Befugnis zum Handeln gegeben, wenn er absehen konnte, das nichts mehr geht). Der Anruf kam erst am Mittag, während das Pferd vormittags eingeschläfert wurde.
Ich habe lange Zeit gebraucht, um mit seinem unnützen frühen Tod fertig zu werden.
Im Nachhinein frage ich mich, ob sein Tod wirklich so „unnütz" war.
Ambar war knapp drei Monate verstorben, als ich mir ein neues Pferd gekauft habe. Dieses Nachfolgepferd hat so viel in mir bewegt, dass ich manchmal glaube, dass Ambar einfach nur „Platz machen sollte".
Ilustre, das neue Pferd, hat mich durch seine vielen Krankheiten zur Tierkommunikation gebracht und auch sonst dafür „gesorgt", dass ich mich mit vielen Dingen auseinandersetze, über die ich vorher nicht nachgedacht habe.
Wie soll ich das nun beschreiben. In einem TiKo-Protokoll stand drin: Stell dir vor, du und dein Pferd, ihr besteht aus vielen Pixeln. Bei euch sind ganz viele Pixel gleich.
Das stimmt absolut. Ilustre hat mich für vieles sensibel gemacht. So spüre ich recht schnell, wenn etwas nicht stimmt und kann mich zunehmend auf ihn einlassen.

Auch er hat schon ein paar Mal durch Koliken oder Unfälle „auf der Kippe“ gestanden. Sein Fortgang würde ein riesengroßes Loch in mein Leben reißen, aber ich weiß auch, dass alles seine Zeit hat. Die Vorstellung, dass meine Tiere wohl vor mir sterben werden ist manchmal grausam und unerträglich und manchmal „normal“.
Der Tod ist etwas, das in unserer Gesellschaft regelrecht verdrängt wird, daher macht er uns Angst.
Was ist nun, wenn meine Tiere alt oder krank werden? Solange es ihnen gesundheitlich gut geht und sie keine Dauerschmerzen haben, werden sie bei mir bleiben. Ich werde jedoch keines meiner Tiere aus falsch verstandener Tierliebe am Leben erhalten, wenn ihr Leben nicht mehr lebenswert ist.
Dauerschmerzen oder Bewegungsunfähigkeit betrachte ich als „Grund“, ein Tier gehen zu lassen. Meine Tiere werden per Euthanasie gehen. Sie sollen im vertrauten Bereich erlöst und nicht noch zum Sterben weggebracht werden. Ich vertraue darauf, dass ich den „richtigen“ Zeitpunkt zum Gehenlassen spüren werde.
Vor zwei Jahren kam ich zufällig (?) hinzu, als das Pferd einer Nachbarin auf der Weide gestorben ist. Die Stute lag friedlich auf der Seite, atmete ein paar Mal tief durch und war „weg“. Die Besitzerin war anwesend (sie wollte ihre beiden Pferde von der Weide in den Stall holen) und fing an sich Vorwürfe zu machen. Warum habe ich das Pferd bloß auf die Weide gebracht. Ob es zu heiß sei, warum, warum, warum.
Ich habe sie in den Arm genommen und ihr gesagt, dass ich mir für mein Pferd später einen solch sanften Übergang wünschen würde. Ein sonniger Tag auf der Weide und ich dabei. Der Tod dieser Stute war so friedlich.
Ich konnte regelrecht zusehen, wie ihr Geist den Körper verließ, die Augen trüb wurden und sich alles in dem Pferd entspannte.
Was nach dem Tod passiert, das weiß ich nicht. Der Gedanke an Reinkarnation oder ein „sonstiges“ Leben nach dem Tod gefällt mir und nimmt mir ein wenig die Angst vor meinem eigenen Tod.

Der Tod an sich ist es nicht, sondern eher das Unwissen, wann und vor allem wie es passiert.
Der Gedanke, dass ich im „Irgendwo“ wieder mit allen Lieben, die ich im Diesseits verloren habe, vereint werde, gefällt mir gut.“

Ina Schalles, Königslutter

Simonettas und Glorias Geschenk

„Meine Stute Simonetta (vier Jahre, neun Monate alt) war ein sehr schwieriges, gebrochenes Pferd, als ich sie kaufte, aber ihre Augen ließen mich nicht los und so nahm ich den Auftrag an. Dabei durfte ich Fred Rai kennenlernen, der mir eine neue, liebe- und vertrauensvolle Energie mit Pferden näher brachte und auch ausschlaggebend dafür war, dass ich wirklich durchgehalten habe. Ich hatte die Stute schon fünf Monate, man konnte sie weder satteln, noch zäumen, noch striegeln, noch Füße aufheben – bei der Ankaufsuntersuchung riss sie mit dem Strick ein vierzig Zentimeter großes Mauerstück aus der Verankerung und wir gingen wie bei einem Fliegerangriff auf Tauchstation, worauf mein Tierarzt meinte, er rührt dieses Pferd nie mehr an.
Durch vertrauensaufbauende Maßnahmen konnte ich nach einem Monat mein Pferd zäumen, satteln, Hufe auskratzen und reiten und dann kam das nächste einschneidende Erlebnis – ein Tellington-Kurs. Hier fand ich weiteren Zugang zum Thema Tier-Austausch-Energie-spüren-fühlen-erleben und ich fuhr mit einem neuen Pferd nach Hause! Diese Stute rettete mir innerhalb von fast dreizehn Jahren aufgrund ihrer Achtsamkeit im Gelände mindestens dreimal das Leben. Ich konnte mich tausendprozentig auf sie verlassen. Sie übernahm die Verantwortung voll und ganz.
Nach einem Stallwechsel, den ich instinktiv durchführte (noch nicht geahnte aber gespürte Kommunikation), kam meine Stute mit einem, wie wir dachten, Luftröhrenverschluss in die Klinik. Am Tag darauf konnte sie nichts mehr sehen, das gesamte Gesicht war

unter Eiter, so dass sie nichts mehr fressen konnte … . Mir ging es gesundheitlich zu diesem Zeitpunkt auch sehr schlecht, doch die Sorge um mein Pferd ließ meine eigenen Themen in den Hintergrund treten. Ich war nur mehr bei ihr und ließ sie nicht gehen. Ich denke, sie wollte sich schon verabschieden, aber ich wollte es einfach nicht zulassen und sie nahm an und blieb!
Das war im Februar/März 2002. Bis Oktober pflegte ich sie wieder gesund und keiner sah, dass es ihr schlecht gegangen war.
Am 15. Dezember, einem Samstag, war ich zu einer Weihnachtsfeier eingeladen – 350 km von meinem Pferd entfernt und das erste Mal in dieser Zeit schaltete ich mein Handy aus. Um 17 Uhr sprach ich mit dem Firmenchef und mitten im Gespräch begann ich auf einmal zu weinen, ich konnte es nicht zurückhalten, mein Mann meinte: was ist denn mit dir los? Und ich sagte: „Ich weiß es nicht, ich muss einfach weinen, es hat nichts mit dem Gespräch zu tun, ich kann es nicht zurückhalten!" Ich zog mich auf mein Zimmer zurück mit einer unbeschreiblichen Traurigkeit und konnte sie mir nicht erklären. Das Handy ließ ich zwei Tage ausgeschaltet, ganz untypisch für mich und diese Zeit …
Nachdem wir zu Hause waren, schaltete ich erst am Montag das Handy wieder ein und hatte einen ganz aufgeregten Stallbesitzer am Band, ich möge SOFORT anrufen. Es kam zwar Unruhe auf, aber ich konnte mir nicht vorstellen, was sein sollte. Als ich zurückrief, brachte er mir so schonend wie möglich bei, dass meine Stute am Samstag, um 17 Uhr, eingeschläfert werden musste, weil sie sich auf der Koppel den linken hinteren Fuß im Wortsinn abgebrochen hatte. Sie war so unglücklich gestürzt, dass man nichts mehr machen konnte. Für mich brach eine Welt zusammen, meine Gesundheit verschlechterte sich, mein Mann meinte, wir sollten sofort ein neues Pferd suchen und kaufen.
Meine Simi war gegangen und ich hatte es ganz deutlich gespürt und diese Traurigkeit nicht einordnen können!

Etwa vier Monate später fanden wir in dieser Verzweiflung tatsächlich eine Stute. Ich dachte, jetzt geht's bergauf, doch auch Gloria hatte eine Aufgabe für mich:
Diese Stute war jung, sechs Jahre alt, sie schaute mich an und wieder waren es die Augen. Der Besitzer bemerkte dies, vor allem, dass seine Stute bei mir so ruhig blieb, und wollte unbedingt, dass ich sie kaufe, und das tat ich. Gleich nachdem wir im Stall angekommen waren bemerkte ich, mit welcher Angst sie die Umwelt wahrnahm, jeder Vogel schreckte sie ungemein, so dass sie sofort Reißaus nahm, mit Steigen, Buckeln und blitzartigem Wegrennen. Ich dachte, ich wäre in einem schlechten Film, dennoch behielt ich sie aufgrund meiner Erfahrungen mit Simi.
Nach etwa zwei Monaten mit lebensgefährlichen Ritten und Versuchen besuchte ich mit ihr einen NHT-Kurs und kam auch wieder zu einem ganz tollen Menschen mit einem tollen Pferdeverständnis. Auch dieser Kurs öffnete mir und Gloria wieder eine neue Welt. Wir sprachen miteinander, ich versuchte sie zu verstehen, vorauszudenken, was nicht einfach war, ihr Vertrauen zurückzugeben (dieses Pferd stand sechs Jahre nur im Stall, von da direkt zur Halle, hatte kaum „Naturerfahrung" und war daher unberechenbar).
Nach etwa fünf Monaten bei mir traf sie der Huf eines anderen Pferdes auf der Koppel, wieder links hinten! Es war eine unschöne Wunde, doch der Tierarzt fand, es wäre nur eine Hautverletzung und mein Mann meinte, ich solle nicht hysterisch sein, aber ich spürte, DA WAR MEHR!
Sie gab es mir auch zu verstehen, dass sie Schmerzen hatte, nicht wirklich laufen konnte. Alle meinten, ich solle mich drauf setzen, aber ich blieb bei meinem Gefühl und ging mit ihr täglich im Schritt an der Hand spazieren. Als die Verletzung für meine Begriffe nicht besser wurde, nur äußerlich verheilte, holte ich einen anderen Tierarzt – dieser stellte einen Achillessehnen-Einriss fest und gab aufbauende Spritzen. Er meinte, es würde sich regenerie-

ren, so ging ich Tag für Tag, Monat für Monat an der Hand im Schritt, ca. sechs Monate lang. Doch meine Stute gab mir zu verstehen, dass sie immer noch starke Schmerzen hatte – da kam ich durch Zufall zu deinem Buch „Der sechste Sinn" und habe versucht mit ihr Kontakt aufzunehmen. Dies bestärkte mein Gefühl und so fuhr ich mit ihr nach Wien in die Veterinärmedizin und da kam die erschreckende Tatsache ans Licht: Es war kein kleiner Riss, sondern ein großer und der Sprungbeinhöcker hatte ebenfalls einen Riss – also wieder Injektion und weitere drei Monate Handarbeit im Schritt, und danach Kontrolltermin ...

Meine Stute hatte furchtbare Schmerzen, aber sie war mir für die Betreuung so dankbar, dass kein Fremder beim Gehen mehr ihre schwere Verletzung erahnte. Nur mein Mann hatte es in der Zwischenzeit auch bemerkt und war nicht länger der Meinung, dass ich aufgrund der Erfahrungen mit Simonetta hysterisch sei.

Er unterstützte mich in der Handarbeit und so wurde es erträglicher. Nach drei Monaten die grausame Mitteilung in der Hochschule: Es hatte alles nichts geholfen. Im Gegenteil. Die Sehne hatte sich weiter abgelöst, der Sprungbeinhöcker war von der Entzündung so angegriffen, dass er aussah, als hätten Mäuse daran genagt. Wir mussten eine Entscheidung treffen, und zwar sofort. Wir gingen zu Gloria, spürten und fühlten und sie teilte uns mit, dass sie gehen wollte.

Mir brach dieses Gefühl fast das Herz! Ich bat sie, meiner Simi liebe Grüße auszurichten, da ich mich von ihr nicht hatte verabschieden können, und dass sie sich mit ihr zusammentun solle und dass es ihnen gut gehen möge und empfanden, dass sie für uns weiter da sein würden. Meine Tochter, mein Mann und ich – alle waren wir bei ihr, bei meinem Mann verabschiedete sie sich, indem sie ihren Kopf auf seine Schulter legte und ihn ganz tief und ruhig anatmete – ich sah ihn selten so berührt. Meiner Tochter sah sie tief in die Augen und sprach mit ihr über die Nase. Und mir legte sie ihren Kopf in meine gefalteten Hände, nahm meinen Geruch auf und legte die Vorderseite ihres Gesichts auf meine Brust. Wir weinten alle und sie stand vor uns und verabschiedete sich so würdevoll, dass es zwar traurig, aber gleichzeitig das wunderschönste Erlebnis war, das ich bis zu diesem Zeitpunkt in meinem Leben erlebt hatte. Sie war bei Spritzen immer hysterisch gewesen, aber diese lange Nadel ließ sie sich ganz ruhig vor unseren Augen einführen. Auch die Beruhigungsspritze nahm sie ganz gelassen an und ging mit mir und meinem Mann gemeinsam in die Zelle. Hier standen wir und sie gab uns ganz klar und deutlich zu verstehen, dass es ihr gut gehen wird und sie sich auf die Lichtzeit freut.

Damit durften wir uns verabschieden und hörten nur noch, wie sie hinfiel – ich sprach stundenlang gar nichts, und wusste dennoch, dass es die richtige Entscheidung war. Meine Gloria ist im Licht und da gibt's keine Schmerzen.

Seither habe ich keine Angst mehr vor dem Tod! Und mit dieser Freiheit darf ich nun selbst auch wieder ganz gesund werden. Meine Ärzte wunderten sich immer, wenn sie mich sahen und den Befund dazu verglichen.

So traurig es ist, ich bin meinen Pferden unendlich dankbar für alles!

Im August habe ich meinen dreizehnjährigen Rüden ins Licht geleitet. Er war der beste Freund von Simi und Gloria und hinterließ mir meine derzeitige vierbeinige Begleiterin. Eine hochsensible und einzigartige Hündin. Mit ihr gehe ich in ein neues Leben, mit dem wunderschönen Gefühl, dass es Wesen gibt und gab, die uns helfen, die für uns da sind, wenn wir es zulassen, hinspüren und uns einlassen, in diese Welt der Wunder.

Ich danke dir, liebe Karin, alles, alles Liebe von ganzem Herzen, auf deinem Weg mit den Tieren und dass es viele Menschen geben wird, die diesen Weg in ihrem Leben für sich eröffnen.“

Danke, deine Margret aus Graz

Moritz

Ponywallach, ca. 33 Jahre alt

Tierkommunikationsprotokoll vom 5. März 2008

„Ich lebe. Ja. Noch. Ich weiß, dass es jetzt langsam zu Ende geht. Langsam zuerst und dann etwas schneller. Das macht aber nichts. Ich habe ein gutes, langes Leben hier gehabt, es war mal langsam und mal schnell. Die Zeit verläuft so, wie ihr euch mit uns beschäftigt. Manchmal hatte ich längere Pausen, als mir lieb war, aber das war selten, sie haben sich immer gekümmert und alles getan. Das tun sie auch jetzt, auch heute. Es ist gut so. Sie sollen sich nicht zu viele Sorgen und Gedanken machen. Man könnte sicherlich noch so allerlei probieren, aber ich will das nicht wirklich.

Richtige Akupunktur, nur eine, zwei Nadeln, das will ich gern aushalten und versuchen. Es ist manchmal besser, wenn es Fremde tun. Ihr seid energetisch zu dicht dran. Wir sind miteinander verbunden. Mehr nicht. Nicht immer den Kopf einschalten und denken. Fühlt einfach. Irgendwann lege ich mich hin und steh nicht mehr auf. Na und? Zumindest nicht mit diesem Körper. Der ist mir dann zu schwer. Das macht aber nix. Sie sollen ruhig ein wenig weinen, sie sind so. Das ist auch gut. Aber sie haben keinen Grund zu weinen, denn sie werden alles versucht haben. Ich liebe sie alle sehr. Aber sie werden mich auch gehen lassen, das Vertrauen haben wir auf Gegenseitigkeit.

Guckt euch mal im Stall um und auf der Koppel, da ist Strahlung. Für die, die nach mir kommen. Und prüft eure Telefone und womit ihr euch umgebt. Ich trage viel. Ich liebe meine Familie. Ich tue es gern. Aber sorgt für euch, wenn ich nicht mehr da bin.

Ich habe Kinder aufwachsen sehen und zu Müttern werden. Es ist ein Geschenk, wenn man eine Generation weiter sehen darf. Ich wurde nicht verkauft, als jemand zu groß wurde. Das erfüllt mich mit Dankbarkeit und auch ein wenig Stolz. Es geht nicht allen so von meinen Brüdern.

Ich bin müde manchmal. Die Cranio tut mir gut, auch der ganze Rest. Sie machen eher zu viel, sollen konkreter weitermachen, nicht alles auf einmal. Sich für einen Weg entscheiden und ihn gehen. Wenn er falsch ist, dreht man um. Die Zeit haben wir. Alles andere ist Illusion.
Zähne. Das wäre noch mal sehr gut. Wenn mal jemand kommt und mir ins Maul schaut, der wirklich Ahnung hat und sich nur um Zähne kümmert. Da muss was raus, was fault und drückt. Das wird mir Linderung verschaffen. Da ist ein bisschen Druck.
(Das ist jetzt vielleicht 'ne wirklich blöde Frage, aber die Diagnose Knochenkrebs ist abgesichert, oder? Auch über eine zweite Meinung? Anmerkung der Autorin)
Manchmal zieht es auch hinter dem Auge.
Aber ich will leben. So lange es sich gut anfühlt. Im Moment beeinflusst mich tatsächlich nur die Atmung und manchmal der Kopfschmerz. Aber das kommt und geht auch mit dem Wetter. Wasser, das zu kalt ist, bekommt mir nicht so gut. Ich mag die Schüßler-Salze bitte ins Wasser aufgelöst trinken.
Ich finde es toll, dass die Krankheit „ignoriert" wird im Sinne von, es dreht sich nicht alles darum und ich darf weiter meinen Alltag haben. Die Runden mit der Kleinen tun mir sehr gut. Ich zeige schon, wenn es mir zu viel wird. Aber ich liebe meine Streicheleinheiten, die Abwechslung und Belohnungen. Kleine Süßigkeiten. Ich mag Banane. Kalzium und Magnesium tun mir sehr gut. Auch angereichert im Futter.
Der Krebs ja, prüft das Haus. Auch euer Vater hat viel getragen. Da ist auch noch etwas offen zu klären."

Kommentar von Susanne, Moritz' Besitzerin

„Moritz ist seit 30 Jahren bei uns. Seit einem dreiviertel Jahr hat er eine Wucherung im rechten Nasenflügel, die langsam wächst, aber inzwischen die Atmung schon ziemlich beeinträchtigt. Ich

behandele ihn über kinesiologische Befragung homöopathisch, mit Schüßler-Salzen, Bach-Blüten und meine Schwester Mareike (Physiotherapeutin) behandelt ihn ein bis zweimal pro Woche cranio-sakral bzw. zieht Meridiane. Ihm läuft mittlerweile fast ständig etwas blutiger Schleim aus dem rechten Nasenloch und er lässt sich bereitwillig die Nase säubern. Moritz frisst regelmäßig auf, lässt sich gerne putzen und wir drehen ab und zu eine Runde um den Hof mit meiner Tochter Anna. Er macht eigentlich, vom Nasenausfluss, der Beule und der erschwerten Atmung abgesehen, immer noch einen ganz guten Eindruck. Der Tierarzt gibt dem Pony nicht mehr viel Zeit und ich soll mich darauf vorbereiten, dass er bald nicht mehr fressen kann und dann eingeschläfert werden muss. Aber Moritz frisst und ist frech wie immer. Seit dem Tierarztbesuch habe ich den Eindruck, dass Moritz gar nicht weiß, was wir jetzt haben. Meine Frage an Karin Müller war, was er über seine Erkrankung und übers Sterben denkt bzw. ob ich etwas Entscheidendes übersehe.

Bezüglich seines Lebensmutes war für mich wichtig zu wissen, ob sich mein Gefühl mit seinem deckt. Moritz ist unverändert relativ gut drauf. Wir haben die Anregungen von Moritz hinsichtlich der Strahlung durch eine Bekannte (übrigens heißt sie auch Karin) bearbeiten lassen – irgendwie energetisch. Ich habe es mir nicht zu genau erklären lassen, um bei mir gar nicht erst Skepsis aufkommen zu lassen. Wir warten das jetzt erstmal ab.

Die Akupunktur hat ihm total gefallen. Und es hat ihm sehr gut getan. Er hat den Kopf jetzt wieder hoch, wenigstens öfter und guckt viel aufmerksamer und kecker. Ja, frecher ist er auch wieder geworden. Mit meiner Tochter Anna ist er absolut lieb und achtsam. Er dreht die Hofrunde, wenn gewünscht, im dem Kind angepassten Zuckel-Trab, ohne Kind auch gerne schneller. Einmal ist er mir sogar im Galopp aus dem Stall entwischt.

Der Druck auf das rechte Auge hat nach der Akupunktur etwas nachgelassen. Die Beule ist allerdings nach Aussage der Frau, die

ihn vier bis sechswöchentlich kinesiologisch abfragt, in den letzten sechs Wochen deutlich dicker geworden. Selber ist man ja etwas betriebsblind. Jetzt habe ich den Eindruck, dass der Druck wieder zunimmt. Ansonsten frisst Moritz nach wie vor gut, haart gut ab, aus der Nase läuft etwas blutiger Schleim.
Das Protokoll hat mich und uns beruhigt in dem Sinne, dass nichts völlig Unerwartetes von Moritz gesagt wurde. Uns standen an der einen oder anderen Stelle natürlich die Tränen in den Augen, und ich will versuchen, seine Wünsche zu erfüllen. Es beruhigt uns, dass Moritz keine Angst vorm Sterben hat. Und wir sind bereit, ihn zu begleiten, das weiß er ja auch.“

Susanne Haschen-Westphal, Albsfelde

Loslassen üben I – Trauer heißt Arbeit

Das Sterben
„Vielleicht ist es kein Weggehen,
sondern Zurückgehen?
Sind wir nicht unterwegs
mit ungenauem Ziel
und unbekannter Ankunftszeit,
mit Heimweh im Gepäck?
Wohin denn sollten wir gehen
wenn nicht
nach Hause zurück?“

(ANONYM)

Es ist alles eine Frage der Perspektive ...
Trauer hat ihre Berechtigung und braucht ihre Zeit. Sterben und Tod sind sicherlich weniger erfreulich für uns, die Zurückbleibenden, als eine Geburt. Denn wir stehen anschließend nicht mit einem Neugeborenen, sondern mit leeren Händen da. Das, was geboren wird, sehen wir nicht von Angesicht im Fall des Todes. Wir halten kein neues Leben in den Händen, wir meinen zu sehen, wie eines unter unseren Händen verrinnt, verronnen ist. Wir haben unsere Aufmerksamkeit auf dem Zerfall, dem Körper, dem Hiersein. Und dann sind wir allein und fühlen uns allein gelassen. Verlassen? Einsam?
Dennoch berichten so viele Menschen, die Sterbebegleitungen bei Mensch und Tier erlebt haben, von diesem Frieden, dieser allumfassenden Liebe, die wir da spüren und erleben

dürfen und tun sich schwer, sie in Worte zu fassen, für die, die es noch nicht erlebt haben. Ich durfte dieses Geschenk schon viele Male erleben und bin dafür unendlich dankbar.

Wenn wir vorbereitet sind, Zeit haben für unseren Abschied, können wir am besten damit umgehen.

Wenn der Tod so etwas wie der Antritt einer Reise ist, gehören Sachen packen, Abschied nehmen und eine gewisse Vorfreude dazu.

Eine sterbenskranke Traberstute in Schweden beschrieb mir dieses Gefühl vor Jahren so:

„Manchmal gehe ich aus meinem Körper heraus. Da fliege ich frei wie ein Vogel. Ohne Schmerzen. Über mir. Sehe mich selbst. Dann kehre ich zurück, sehe von unten nach oben, habe Sehnsucht. Fliege wieder. Wechsle und betrachte, beobachte, fühle. Es ist schön, leicht zu sein. Es ist auch schön, den alten, kranken Körper noch einmal zu spüren. Sich zu vergewissern. Freue mich und sehne. Ich warte nicht. Ich dränge nicht. Es fließt. Ich bin im Wandel. Ich bin einfach. Alles wird gut. Und es ist gut, wie es ist. Es ist einfach, schön nicht?“

Der Aufbruch fällt dem leichter, der ein neues Abenteuer beginnt. Wer zurückbleibt, vermisst in der Regel mehr, vor allem, wenn er plötzlich überrumpelt wird, wenn der Tod unser geliebtes Pferd wie ein Schock mitten aus dem Leben reißt.

So ist es Marion mit ihrem jungen Pferd Maori ergangen. Von einer Minute zur anderen. Eben noch buckelte er fröhlich über die Weide, dann rutschte er aus, schlitterte ungebremst ins Holzgatter und zerriss sich die Halsschlagader. Er verblutete in ihren Armen ...

Wir haben über viele Wochen hinweg telefoniert, gemailt, versucht Antworten zu finden auf tausend Fragen und jede Antwort warf wieder neue Fragen auf. Fragen wie: *„Hat Maori sel-*

ber entschieden zu sterben? Bewusst? Oder ist ‚es' für ihn entschieden worden? Hätte er sich auch dagegen wehren können? Hätte er nein sagen können?
Oder freut man sich, sterben zu dürfen? Ist es so eine Art ‚ehrenvolle Einladung', die man niemals ablehnen würde?
Sobald man stirbt, lässt man dann alles hinter sich? Oder denkt er auch noch mal an mich? Sind die Erlebnisse dieses Lebens abgeschlossen, sobald der Tod da ist? Nach welcher Zeit wird man wiedergeboren? Man wird doch wiedergeboren, oder?
Kann man sich selber aussuchen als was man wiedergeboren wird? Kennt man vorher seine Aufgaben, die auf einen zukommen? Nach welchen Kriterien sucht man sich sein nächstes Leben aus? Ist es wahr, dass man sich im Himmel begegnet?
Oder ist das nur das Märchen, was einem immer so schön als Kind erzählt wird?!? Also ich meine, wenn ich jetzt sterben würde, sähe ich dann Maori im Himmel wieder und könnte wieder bei ihm sein und seine Liebe spüren? Mit ihm zusammen sein und die Zeit genießen? Oder ist das Leben da oben anders? Gibt es ein Leben dort überhaupt oder ist es einfach nur ein Übergangsweg? Was macht man dort? Warum geht man dahin?"
Fragen über Fragen ...
Letztlich ist alles nur Spekulation, Glaubenssache, eine Frage der verschiedenen Weltbilder, philosophischer und religiöser Weltbilder.
Kennen Sie die Geschichte von der kleinen Welle? Sie birgt sehr viel Trost, finde ich:

Die kleine Welle

„Es war einmal eine Welle, die durch den Ozean rollte und sich am warmen Sonnenschein und der leichten Brise erfreute. Lächelnd rollte sie dem Land entgegen. Doch dann merkte sie plötzlich, dass die Wellen vor ihr eine nach der anderen an den Felsen zerschellten

und sich in Gischt auflösten. „O Gott“, rief die Welle entsetzt, „mir geht es genauso. Gleich werde ich von den Felsen zerschlagen werden und verschwinden.“ In diesem Moment bemerkte eine andere Welle ihre Panik. „Was ist los? Warum bist du traurig? Sieh doch nur, wie schön die Sonne scheint, und fühle den Wind …“ Da rief die erste Welle: „Ja, siehst du denn nicht, wie die anderen Wellen gegen die Klippen kämpfen und wie schrecklich sie untergehen? Uns wird es nicht anders ergehen.“ Darauf tröstete sie die andere: „Oh, das siehst du ganz falsch. Du bist doch nicht einfach nur eine Welle, sondern ein Teil des großen Ozeans.“

(aus Serdar Özkan: Die Stimme der Rose)

Letztlich stehen wir einfach zu dicht an der Leinwand, um das ganze Gemälde in all seiner Größe wahrnehmen zu können, geschweige denn den Raum, in dem es hängt – es ist alles eine Frage der Perspektive und der Sichtweise.
Begreife ich die Erde als Jammertal und das Jenseits als Erlösung? Ist dieses Leben hier Schulung voller Lektionen oder ein Ort, an dem ich Erfahrungen machen möchte? Hat die Seele eine Sehnsucht danach zu lernen, oder bekommt sie Aufgaben? Geht es um Weiterentwicklung oder einfach nur „Sein“? Und gilt das, was wir uns für uns Menschen zusammenreimen, channeln lassen, in der Bibel, dem Koran, dem Tao Te King und in anderen heiligen Schriften lesen – ist das auch für unsere Tiere gültig?

All diese Fragen und sicher noch viele andere drängen sich uns vor allem in den ersten Tagen und schlaflosen Nächten und Wochen der Trauer auf. Und dann machen wir womöglich noch eine seltsame Erfahrung, so wie Marion: *„Mit mir redet hier irgendwie überhaupt keiner mehr seit Maoris Tod. Alle reden drüber oder mit meinen Eltern, aber alle verstummen, sobald ich den Raum oder das Geschäft betrete. Auf der Straße grüßen sie* *mich zwar, aber alle gucken schnell komisch weg, so dass ja kein Gespräch entsteht – komisch oder?“*

Unser Umfeld geht oft hilflos mit Trauer um. Was soll man sagen, wenn Worte fehlen? Wie soll man etwas erklären, das so schwer zu fassen ist? Vor allem eben, wenn das Leben uns scheinbar nicht erfüllt erscheint, wenn Mensch oder Tier für unsere Begriffe noch nicht an seinem Lebensende angekommen scheint, sondern eben noch jung und gesund war – dann sprechen wir von einem Schicksalsschlag, einem tragischen, unfassbaren Unfall und das wirft wieder eine Frage auf, zu der uns die Antwort fehlt: Gibt es denn quasi so etwas wie einen Tod aus Versehen? Wo ist der Sinn? Oder gibt es gar keinen?

All diese Fragen bringen uns in unserer Trauer nicht wirklich weiter. Fragen nach dem „Warum?“ kreisen nur immer im Vergangenen, sind vom Prinzip her destruktiv. Was wir brauchen, sind konstruktive Herangehensweisen, Wie-Fragen: Wie gehe ich damit um? Wie kann ich weiterleben? Wie verarbeite ich das Erlebte? Wie mache ich weiter? Wie finde oder gebe ich Trost?

Nun – warum nicht einfach den Trauernden in den Arm nehmen und halten, trösten oder einmal kurz die Hand drücken? Manchmal ist unsere Sprache einfach zu weit weg. Manchmal müssen wir nicht reden, sondern den Körper sprechen lassen. Dazu haben wir ihn ja auch.

Unsere Tränen der Trauer und des Mitgefühls haben eine reinigende Funktion, für Körper, Seele und Geist. Weinen Sie!

Ungeweinte Tränen belasten unsere Lunge und die Nieren.

Unterdrückte Gefühle stauen sich nur auf. Das macht es keineswegs besser. Tränen aktivieren letztlich auch unsere seelischen Selbstheilungskräfte.

Und wenn Ihnen zum Lachen ist, im scheinbar unpassendsten Trauermoment, weil Sie sich an schöne Dinge erinnern, oder einfach weil etwas komisch ist, dann lachen Sie! Und wenn emotional alles durcheinander geht, dann haben Sie auch dazu das Recht.

Es ist Ihre Trauer, Sie sind niemandem darüber Rechenschaft schuldig, wie Sie sie ausleben, was sie fühlen und welche Bedürfnisse Sie haben.

Aus der Sterbeforschung von Dr. Elisabeth Kübler-Ross wissen wir, dass wir Menschen drei Dinge auf dem Sterbebett am meisten bereuen:

Unseren Lieben zu selten diese Liebe gezeigt oder ausgesprochen zu haben.

Unsere Träume zu wenig gelebt zu haben.

Zu wenige Risiken eingegangen zu sein.

Wenn wir dies beherzigen, können wir für uns selbst vorbauen – und unsere Trauer in konstruktive Bahnen lenken.

Das Leben danach

„Maori ist weg, einfach weg. Was bleibt ist ein tiefes Loch, ein leerer Stall, traurige Artgenossen und ein unendlicher Schmerz. Hinzu kommt die Wut, warum Maori? Warum ausgerechnet er? Warum? …

Im Nachhinein betrachtet ist das wohl eine Phase, die dazu gehört, aber wenig hilfreich ist. Es bringt nur Zorn, Unverständnis und schlechte Energie.

Meine Lösung ist DANKBARKEIT! Ich bin dankbar für jede einzelne Minute, die ich mit Maori hatte, dass er überhaupt in mein Leben getreten ist und für die ganzen tollen Erfahrungen, die wir zusammen machen durften. Ich versuche mir diese schönen Momente immer wieder ins Gedächtnis zu rufen und beantworte sie alle mit Dankbarkeit. Und wenn man es mir vorher gesagt hätte, dass er nach so kurzer Zeit sterben würde, ich hätte ihn trotzdem gekauft, ich würde keine einzige Sekunde mit ihm missen wollen.

Nichts wäre mit diesem Wissen anderes gewesen. Ganz im Gegenteil, ich wäre um so viele wunderbare Momente ärmer. Füllt man all diese Momente, Erlebnisse und selbst seinen Tod mit Dankbarkeit, Licht und Liebe, so löst sich allmählich das Trauma und es wird leichter, man kann wieder atmen und kommt einen großen Schritt aus der Trauer. Trotz Maoris Tod habe ich ihn nie wirklich verloren. Seelen, die einmal verbunden sind und zusammen gehören, bleiben auch über den Tod verbunden. Ich habe seinen Körper verloren, aber etwas noch viel Wertvolleres erhalten: seine Seele. Völlig rein und klar. Ich nehme sie voller Dankbarkeit an wenn sie bei mir ist; genieße den Augenblick und lasse sie los, wenn sie weiterzieht. Ich frage nicht nach ihrem jetzigen Leben, oder Körper, auch nicht nach ihrer Vergangenheit. Denn die Antworten würden mir nichts bringen, außer dass ich die Seele vielleicht in ihrer unendlichen Größe einschränken und festhalten würde. Ich genieße die Liebe, Wärme und Geborgenheit, die sie mir entgegenbringt. Es fühlt sich für mich gut und richtig an, den Kontakt auf diese feine Art zu wahren. Mal mehr, mal weniger. Und wenn ich mich doch mal verloren oder einsam fühle, dann ist er plötzlich da – der Regenbogen. Unser Regenbogen, unsere Brücke, auf der wir gemeinsam ein Stück in den Tod gegangen sind. Er ist so rein, klar, voller Farben und Energie, dass ich weiß, Maori ist da! Er ist immer da, seine Seele und seine Energie schwingen immer und überall in meinem Herzen mit und ich spüre tiefste ehrenvolle Dankbarkeit und Vertrauen in die Fügungen des Lebens.“

Marion Peggen, Hannover

Trauerphasen

In den unterschiedlichen Schulen der Psychologie werden verschiedene Phasen der Trauer unterschieden, die man mit dem Durchschreiten einer Tür vergleichen kann: Es gibt immer die Phase von Abschied und Trennung, die Schwellenphase und die Reintegration, denn Trauer ist nicht nur ein emotionaler Zustand, sondern auch ein Prozess, den übrigens nicht nur die Hinterbliebenen, sondern natürlich auch der Sterbende durchläuft. Bei Menschen hat das bahnbrechend vor allem die Psychiaterin Dr. Elisabeth Kübler-Ross erforscht.

Nach ihren Forschungsergebnissen greifen wir letztlich alle auf dieselben unbewussten Strategien zur Bewältigung extrem schwieriger Situationen zurück. Die können nebeneinander vorhanden sein und verschieden lang andauern. Es gibt keine festgelegte Reihenfolge und wenn eine Phase erfolgreich bewältigt ist, heißt das noch lange nicht, dass sie sich nicht doch noch einmal zurückmeldet und wiederholt. Und selbstverständlich können auch einzelne Phasen ganz ausbleiben:

- Die erste Phase ist das Nicht-Wahrhaben-Wollen, die Verleugnung der Realität, der Schock, das Gefühl, in Watte gepackt zu sein und die Wirklichkeit, die Umwelt nur gefiltert oder als irreal wahrzunehmen. Diese Phase kann ein paar Tage, aber auch mehrere Wochen dauern. Manchmal versuchen wir hier auch einen kindlichen Pakt mit dem Göttlichen zu schließen: Wenn du diesen Kelch an mir vorüberziehen lässt, werde ich dieses Opfer oder jene Leistung vollbringen ...
- Die nächste Phase ist von starken Emotionen gekennzeichnet. Nacheinander oder durcheinander bricht alles auf: Depression und Aggression, Schuldgefühle, Vorwürfe nach außen, Trauer, Wut, Neid auf die anderen, Kummer, Freude, Unruhe und Angst. Das alles ist ganz normal, lassen Sie die Gefühle zu, Selbstbeherrschung oder Kontrolle wären sogar kontraproduktiv: Nur so können Sie das Erlebte bewältigen und in die dritte Phase gelangen.
- Diese Phase geht vom Außen wieder nach innen, Regression heißt das Stichwort. Erinnerungen treten in den Vordergrund. Wir suchen die Nähe zum Verstorbenen durch Fotos,

Plätze, Träume – und freunden uns allmählich mit der Tatsache an, dass jetzt alles anders ist und wir die Nähe nicht mehr körperlich herstellen können, sondern nur noch in Gedanken. Wundern Sie sich nicht, wenn Sie in dieser Phase manchmal sogar wütend werden. Auch das gehört dazu.

- Die vierte Phase ist die Akzeptanz und langsame Neuorientierung. Wir haben unseren Verlust nun soweit akzeptiert, dass der Satz „Das Leben geht weiter“ uns nicht mehr wütend macht oder höhnisch erscheint. Wir tasten uns vorsichtig wieder an Gegenwart und Zukunft heran: Neue Beziehungen, Veränderungen werden annehmbar. Wir können uns vorsichtig wieder auf Neues einlassen. Wann der Trauerprozess abgeschlossen ist, ist sehr individuell, Monate, selbst Jahre gelten als „normal“. Machen Sie sich also keine Sorgen, wenn Sie einfach Ihre Zeit brauchen ... Hilfe suchen sollten Sie sich allerdings, wenn Sie überhaupt nicht mehr aus dem schwarzen Loch herausfinden, in das Sie Ihr Verlust katapultiert hat, oder wenn Ihre Trauerrituale so sehr den Alltag bestimmen, dass Sie sich sozial immer stärker abkapseln, alles andere drumherum organisieren und Termine absagen, weil Ihre wöchentliche oder monatliche Gedenkstunde unverrückbar ist ...

Wenn wir uns nicht mit unserer Trauer konfrontieren, sie verdrängen, statt sie anzunehmen und auszuleben, die Emotionen nicht verarbeiten, hat das weiterreichende Folgen, die bis in Depression und Neurosen münden können. Und das ist umso wichtiger, wenn der Tod unvermittelt, unvorbereitet kommt.

Der Trauerprozess, das Zulassen und aktive Durchleben sind wichtig, und dann müssen wir uns auch wieder dem Leben annähern.

Ina Schalles erinnert sich: *„Der Tod meines Pferdes ‚Ambar‘ liegt nun schon fast neun Jahre zurück. Mir war damals, als hätte man*

mein Herz rausgerissen, mein Empfinden für anderes getrübt. Ambar war irgendwie ‚alles' für mich. So richtig Zeit zum Trauern hatte ich leider nicht, da ich zu der Zeit mein Fachabitur gemacht habe und viel dafür arbeiten musste.
Es gab – noch Jahre später – immer wieder Momente, wo sich in mir ein tiefer Schmerz breit machte, der den Verlust dieses für mich so wunderbaren Pferdes betrauerte. Mir kam urplötzlich ein inneres Bild von Ambar in den Kopf und ein ganz tiefes Gefühl der Liebe. Ich fühlte mich dann irgendwie noch immer mit ihm verbunden. Heute erinnere ich mich gern an die schönen Momente und den Spaß den wir zusammen hatten.
Bei meinem Meerschwein ‚Wutz' war die Trauer anders. Wutz war sehr alt geworden und starb an Altersschwäche. Er baute innerhalb kurzer Zeit körperlich rapide ab und der Besuch beim Tierarzt war die Verkürzung des Sterbeprozesses. Die Spritze war kaum in der Haut, als der Lebensglanz aus den Augen entwich. Mein Mann und ich haben damals den ganzen Nachmittag um Wutz geweint. Dann war es fast gut, weil uns klar war, das unser Meerschwein einfach alt und der Körper ‚verbraucht' war.
Für mich macht es schon einen Unterschied, ob jemand geht, weil er alt ist oder ob jemand durch Krankheit/Unfall aus dem Leben gerissen wird. Bei alten Tieren/Menschen ist die Zeit des Gehens irgendwann da, bei jungen Tieren/Menschen fragt man immer ‚Warum'.

Die Trauerarbeit und ihre Rituale

Zu allen Zeiten haben Menschen ihre Trauer mit Riten und Ritualen begleitet und diese Rituale sind in ihrer Wirkung nicht zu unterschätzen. Rituale und Zeremonien sind enorm hilfreich für uns, die komplexen Vorgänge zu vereinfachen, zu entzerren, ertragbar, händelbar zu machen. Diese Trauerarbeit ist dann zu Ende, das Ziel quasi erreicht, wenn wir losgelassen und transformiert haben: unsere Bindung an den Verstorbenen, egal ob Mensch oder Tier, hat neue Gestalt angenommen und ist in uns, in unser Leben auf andere Art integriert. Das klingt natürlich sehr theoretisch und ist ganz bestimmt nicht bewusst planbar. Daher sind Riten so wichtig, egal ob wir sie neu kreieren oder Althergebrachtes pflegen.

Alle Völker haben zu allen Zeiten Sterben, Tod, Wiedergeburt kultisch begleitet und nachempfunden.

„Die Trauerzeit“, schreibt der Ethnologe Arnold van Gennep, *„ist für die Hinterbliebenen eine Umwandlungsphase, in die sie mit Hilfe von Trennungsriten eintreten, und aus der sie mit Hilfe von an die Gesellschaft wieder angliedernden Reintegrationsriten (Riten, die die Trauerzeit aufheben) heraustreten. In einigen Fällen stellt diese Umwandlungsphase der Lebenden das genaue Gegenstück zur Umwandlungsphase der Toten dar, dann nämlich, wenn das Ende der Trauerzeit zeitlich mit der abgeschlossenen Angliederung der Toten an das Totenreich zusammenfällt.“*

Alle Naturvölker glauben irgendwie an eine Reise der Seele in ein wie auch immer geartetes Totenreich und geben ihr Proviant, Geld oder Schmuck und Erinnerungsstücke mit auf den Weg. Viele glauben, dass der Übergang bezahlt werden muss, oder man zumindest den Torwächter recht irdisch bestechen kann.

Die Hinterbliebenen schließen sich in Gruppen zusammen und zeigen ihre Trauer durch Rückzug aus dem sozialen Leben, Trauerkleidung oder Bemalung, klagen und jammern.

Hinter dem Leichenschmaus nach dem Begräbnis oder einem gemeinsamen Essen am Ende der Trauerzeit steht letztlich wieder das Zugehörigkeitsgefühl – der Trauernden untereinander und zu den Lebenden.

All diese Rituale können uns helfen in unserer Trauerzeit ... Warum nicht sich mit Freunden treffen, die Ihr Pferd gut

kannten, gemeinsam essen, gemeinsam erinnern, weinen, lachen?
Wenn Ihnen danach ist, sammeln Sie Grabbeigaben und geben Sie sie in die Erde oder ins Feuer – oder heben Sie sie noch eine Weile in einer Schachtel auf, bis Sie loslassen können und wollen. Hören Sie auf Ihren Bauch, achten Sie auf Ihr Gefühl und vertrauen Sie dem Prozess.
Und wenn es kein eigentliches Grab gibt und Sie das Bedürfnis nach einem Ort der Trauer haben – dann schaffen Sie sich einen. Manche Menschen richten sich ein regelrechtes Trauerzimmer ein, andere haben eine Art kleinen Hausaltar, wieder andere finden ihren Ort der Stille im Wald, der Natur, auf der Weide oder im Stall ...
Und auch Ihre Grabbeigaben können Sie symbolisch ganz allein oder mit Freunden an einem schönen Ort stimmungsvoll in einer kleinen Zeremonie beerdigen.

Wir müssen uns vom verstorbenen Freund trennen und ihn gehen lassen, er gehört nicht mehr zu den Lebenden dazu und wir nicht zu den Toten. Wir müssen darüber trauern und unsere Gefühle durchleben, um uns anschließend neu zu orientieren und ganz bewusst für das Weiterleben zu entscheiden – mit dem Freund im Herzen, aber auf neue Art.

Abschied von der Seele

Ich werde das immer wieder gefragt, aber ich lehne Kommunikationen mit den Seelen verstorbener Tiere bis auf ganz wenige Ausnahmen ab. Das hat mit meiner Ehrfurcht vor der Seele zu tun, die ruhen will und sich neu orientieren. Diesen Prozess will ich nicht stören, wenn es im eigentlichen Sinn

gar nicht ums Wohl des Tieres, sondern um die Trauerarbeit des Besitzers geht. Dabei will ich Ihnen sehr gern helfen!
Es gibt wertvolle Alternativen, hier einige Beispiele, die Sie bei Ihrer Trauerarbeit unterstützen können. Bitte beachten Sie: Wenn der Schmerz für Sie zu groß ist, wenn sie das Gefühl haben, allein nicht klar zu kommen, dann scheuen Sie sich nicht, Hilfe anzunehmen von Menschen, die darin Erfahrung haben: Trauerbegleiter, Psychologen oder Beratungsstellen können Ihnen weiterhelfen und es ist völlig in Ordnung, diese Hilfe für sich in Anspruch zu nehmen – auch, wenn es sich „nur" um ein Tier handelt. Es gibt keinen Grund, sich seiner Trauergefühle, des Gefühls von Kummer, Schmerz, Wut und Ohnmacht zu schämen.

Briefe ins Jenseits

Gibt es etwas, das Sie Ihrem verstorbenen Pferd gern noch mitgeteilt hätten? Gibt es etwas, das Sie bereuen, das Sie lieber anders gemacht hätten?
Es ist nie zu spät!
Schreiben Sie Ihrem Pferd einen Brief, schreiben Sie sich von der Seele, was Sie ihm gern noch gesagt hätten. Oder schaffen Sie sich eine feierliche Atmosphäre, indem Sie eine Kerze anzünden, sich mit einem Foto oder anderen Erinnerungsgegenständen zurückziehen, und all die Dinge aussprechen, die noch zu sagen sind.
Einen Brief ins Jenseits können Sie verbrennen, begraben oder mit einem Heliumballon aufsteigen lassen ... Nur: Behalten sie ihn nicht, trainieren Sie auch hier ganz real das Loslassen. Wenn es Ihnen angenehmer ist, kann das auch phasenweise geschehen: Die Asche des Briefes können sie beerdigen oder in ein Schächtelchen geben, das noch eine Weile an einem speziellen Ort stehen darf.

Eine zweite Variante ist es, sich von der Seele zu schreiben, was man nicht mehr möchte, das können auch Emotionen wie Selbstzweifel, Gewissensbisse, traurige oder schreckliche Bilder und Erinnerungen sein, was immer Ihnen einfällt, das Sie gern „loswerden" möchten.
Den Zettel mit diesen Informationen verbrennen Sie und vergraben die Asche, das kann gern rituellen Charakter wie bei einem richtigen Begräbnis einnehmen. Sprechen Sie ein paar Worte dazu, verzieren Sie das Grab schön, und dann feiern Sie das Loslassen auch ein bisschen: ein Schlückchen Sekt oder Ihr Lieblingstee aus einem besonderen Becher ... und ab jetzt wird nur noch das Gute hervorgehoben. Überlegen Sie sich: Wofür möchten Sie gern danken? Sprechen Sie auch hier ein paar Worte am Grab.
Auch diese Gedanken können Sie wieder auf ein Stück Papier schreiben und es anschließend verbrennen. Vielleicht die Asche diesmal in den Wind streuen? Sie können sie natürlich auch symbolisch in ein kleines Kästchen geben, das Sie ebenfalls beerdigen, oder noch ein Weilchen an einem Ehrenplatz verstauen, wo Sie es bei Bedarf auch noch einmal hervorholen können. Solange, bis es sich gut anfühlt, es abzugeben.
Halten Sie die Seele Ihres Tieres nicht fest, halten Sie sie nicht auf, sondern lassen Sie sie ziehen. Unsere Energie folgt der Aufmerksamkeit, der Absicht. Darin liegt unsere Kraft, mit der wir die Welt nach unserem Fokus gestalten. Es ist das Resonanzprinzip, das hier wirkt, und uns zum Schöpfer macht.

Gedankenreise: Ihr Pferd ins Licht geleiten

Setzen Sie sich bequem hin. Schließen Sie die Augen, konzentrieren Sie sich auf Ihre Atmung. Werden Sie ganz ruhig. Lauschen und beobachten Sie einige Atemzüge lang nur das Gleiten Ihres eigenen Atmens. Ein und aus.

Nun stellen Sie sich Licht vor. Kosmisches Licht. Licht aus dem Universum, das bis hierher auf die Erde strahlt. Aus der Quelle. Aus dem Alles-Was-Ist.
Jetzt stellen Sie sich ganz bildlich vor, wie Ihr Pferd ins Licht findet.
Sehen Sie vor Ihrem inneren Auge einen Lichttunnel oder einen Fahrstuhl ins Licht, der ganz nach oben reicht, vielleicht auch die Regenbogenbrücke, die ins Licht mündet. Begleiten Sie Ihr Pferd bis an die Schwelle. Und dann lassen Sie es allein weitergehen, in dieses helle, klare, reine Licht. Sie können sich auch vorstellen, wie es dort abgeholt wird. Sind Engel um Sie herum und warten schon? Oder vorher verstorbene vierbeinige Freunde? Niemand geht allein.
Malen Sie sich in leuchtenden Farben aus, wie paradiesisch die Zustände dort oben, drüben für Ihr Pferd sind. Seine Schmerzfreiheit, Unbeschwertheit, jugendliche Kraft ... Tauchen Sie ein in diese bedingungslose Liebe, Freiheit und Glück. Frieden.
Spüren Sie nach, bis Sie Ihr Pferd nicht mehr wahrnehmen, bis es ganz in dieses göttliche, universelle Licht eingetaucht ist, seinen Weg gefunden hat. Und wenn Sie soweit sind, spüren Sie ganz bewusst in Ihren Körper und öffnen wieder die Augen.

Kinesiologische Übung

Gibt es eine Situation in der Vergangenheit, die Sie in Bezug zu ihrem Tier belastet?
In unserer Vorstellung zumindest können wir das Rad der Zeit zurückdrehen und Dinge anders gestalten.
Belastendes, das Sie durch die Kraft ihrer Gedanken zum Guten wenden, verliert seine blockierende Wirkung und Sie werden sich befreit fühlen, offener und ruhiger.

Bei dieser Übung dürfen Sie sich alles vorstellen! Wie hätten Sie es gern gehabt? Was hätten Sie geändert, wenn Sie eine Wahl gehabt hätten? Verändern Sie es jetzt, in Ihrer Vorstellung! Wie hätte die belastende Situation anders sein können, besser, wie wäre es für Ihr Pferd schöner gewesen? Gestalten Sie eine gute Alternative. Unsere Gedanken haben Kraft. Legen Sie sich eine Hand auf die Stirn und die zweite auf den Hinterkopf, wenn Sie allein sind, oder bitten Sie eine zweite Person, Sie bei dieser Reise nach innen zu begleiten. Schließen Sie die Augen. Sehen Sie das Bild vor sich, das Sie belastet? Wenn es Ihnen zu dicht ist, projizieren Sie die Szenerie auf eine Kinoleinwand, schauen Sie es sich mit dem Abstand des Zuschauers an. Atmen Sie ganz bewusst tief ein und aus. Und nun: Frieren Sie das Bild ein, machen Sie ein Standbild daraus, ein Foto.

Machen Sie einen Rahmen darum, lassen Sie einen Bilderrahmen entstehen. Vergessen sie einen Moment das eigentliche Bild und schauen Sie sich nur diesen Rahmen an: Welche Form, welche Farbe hat er? Aus welchem Material besteht er? Vielleicht gefällt er Ihnen nicht. Verändern Sie nur diesen Rahmen – solange Sie mögen und neue Ideen haben, in Form, Farbe, Material. Es darf der kitschigste Rahmen der Welt werden – Ihnen soll er gefallen ... Lassen Sie ihn aus Ihrem Inneren entstehen und auf sich wirken, die Hände sind immer noch an Ihrer Stirn und Ihrem Hinterkopf.

Gibt es vielleicht sogar einen Rahmen, der noch besser zu diesem Bild passt? Wie würde der aussehen? Gestalten Sie ihn, verändern Sie! Werden Sie kreativ! Wählen Sie!

Sie werden sehen, dass das eigentliche Bild in den Hintergrund gerückt ist, sich inzwischen von selbst verändert hat oder sogar ganz verschwunden ist. Wie sieht das Ganze jetzt aus? Kreieren Sie weiter, bis Ihnen der Rahmen gefällt. Wenn sich das Bild selbst ändert, können sie auch mit dem Bild

arbeiten, es bewusst noch weiter verändern oder durch Personen und Handlungen ergänzen. Spüren Sie hin, beobachten und gestalten Sie mit allen Sinnen: Geruch, Farben, Temperatur, Wetter, Umgebung, die Menschen, die Sie gern dabei haben wollen ...
Wenn sich das Ergebnis gut anfühlt, atmen Sie tief durch, nehmen Sie die Hände weg und öffnen die Augen.

Wir können die Fakten vielleicht nicht ungeschehen machen, aber wir können unsere Umgehensweise damit verändern, den Stress nehmen. Und das hat Auswirkungen im morphischen Feld, das uns umgibt. Realität entsteht im Bewusstsein des Betrachters, sagt die Quantenphysik. Wenn wir nun unser Bewusstsein verändern – kann Heilung passieren. Auch jenseits von Zeit und Raum, denn auch das ist letztlich nur Illusion.
Maria Fühser aus Rommerskirchen hat das so erlebt:

Marias Pflegepony

„Ich hatte seit Kindheit ein Pflegepony. Mit ihm konnte ich alles machen. Im Winter den Schlitten dahinter und ab in den Schnee, ausreiten ohne Sattel – nur mit Halfter, am Wochenende aufs Voltigier- oder Dressurturnier. Er war immer dabei und hat mir das grundlegende Vertrauen zu Tieren und vor allem zu den Pferden geschenkt. Alles was ich heute kann, habe ich ihm zu verdanken; er hat die Grundlage geschaffen, er hat meine kindheitliche Kommunikation mit den Tieren aufrechterhalten und gefördert. Desto trauriger war ich, als ich eines Tages in den Stall kam und er stand weder auf der Wiese noch in seinem Stall. Die Box war ausgeräumt. Niemand hatte mir Bescheid gesagt! Da stand ich nun; zutiefst erschüttert über den Verlust und mindestens so enttäuscht über die Situation. Ich fuhr zur Besitzerin und sie erzählte mir,

dass sie ihn vor einigen Wochen morgens noch auf die Wiese gelassen hatte und alles war okay; mittags wollte sie ihn reinholen und da ging es ihm sehr schlecht. Er hatte mit Mitte zwanzig eine Darmverschlingung. Weil keiner der ansässigen Tierärzte schnell kommen konnte, fuhr sie mit ihm in die Klinik. Es war höchste Alarmstufe, er wurde operiert, doch zuviel vom Darm war schon abgestorben, die Chancen standen zu schlecht. Er schlief noch im Operationssaal ein.
Auch wenn er schon ein stolzes Alter hatte; für alle Beteiligten war es ein Schock, war er doch einige Stunden zuvor noch quietschvergnügt auf der Wiese spaziert.
Ich hatte lange Zeit daran zu knabbern.
Karin hat mir ein Stück weit bei meiner Trauerarbeit geholfen. Die Trauer zuzulassen und anzunehmen. Das Gefühl für mich, des Nichts-tun-Könnens und vor die vollendeten Tatsachen gestellt zu werden war für mich das Schlimmste. Und der Gedanke, dass er in den letzten Stunden seines Lebens solche Qualen durchleben musste, brach mir fast das Herz!
Heute sehe ich die Dinge mit anderen Augen. Mittlerweile bin ich einige Male eingeladen worden, Mensch wie Tier auf ihrem Weg ins Licht ein Stück weit zu begleiten und dabei habe ich erfahren dürfen, wie wunderbar Sterben ist!
Alles ist hell und warm und es gibt keine Ängste und Nöte mehr!
Sterben ist eines der Naturgesetze. Sterben bedeutet eigentlich nichts anderes als übergehen in eine andere Energieform. Jeden Tag werden Dinge geboren und sterben wieder. Jeden Tag wird ein neuer Tag geboren und abends stirbt dieser wieder, was bleibt ist die Erinnerung. Die Sonne geht auf (neugeboren) und wieder unter (stirbt).
Alles entsteht aus dem Nichts und nichts bleibt, weil es nicht festgehalten wird. Unser Ego versucht aber, alles festzuhalten –Partner, Beziehungen, Tiere. Wenn die Welt egofrei wäre, würde man sich ohne Trennungsschmerz voneinander trennen, denn alles ist

vergänglich. Man würde jeden und alles seinen Weg gehen lassen; denn alles Gegenständliche ist vergänglich.
Alles besteht aus Geburt und Tod und dazwischen das Leben. Die Naturkräfte lehren uns den Weg hinter Leben und Tod zu sehen. Wir sind stets auf das Gegenständliche im Außen fokussiert und somit bestimmt das Außen, wie es uns geht!
Im Falle meines Pflegeponys war ich fokussiert auf den Schmerz, den der kleine Wallach in meinen Augen aushalten musste und dass mir diese Nachricht vom Tod des jahrelangen Begleiters meines Lebens nicht persönlich übermittelt wurde. Die Erinnerung an ihn bleibt; und sie ist auch heute noch wunderbar und faszinierend! Der kleine Wallach hat einen ganz besonderen Platz in meinem Herzen!" Maria Fühser, Rommerskirchen

Wenn es uns gelingt, wenn wir es angehen, mit unserer Trauer gestalterisch umzugehen, lösen wir uns aus der passiven „Opferrolle". Natürlich sind wir dann noch traurig, aber nicht mehr passiv und gelähmt.
In der Trauerbegleitung und Trauertherapie geht es darum, sich mit dem Verlust auseinanderzusetzen, sich dem zu stellen (und dabei einfühlsam begleiten zu lassen).
Es wäre ein Missverständnis zu glauben, dass wir uns von der Trauer befreien müssen, es geht vielmehr darum, den erlebten Verlust und die damit verbundene Trauer als Bestandteil unseres Lebens anzunehmen und zu integrieren.
Wenn der Trauerprozess vollzogen, der Verlust akzeptiert und „abgetrauert" wurde, können wir daraus gestärkt hervorgehen und das Leben wieder bejahen.
So einen Weg hat auch Susanne Nolte aus Hannover für sich gefunden: *„In meiner Trauer hat mir vor allem mein Lebensgefährte geholfen und beigestanden. Meine Tochter natürlich, die Bestätigung von Freunden, und von unserem Hufschmied, der spontan zu mir sagte: Du hast es richtig gemacht. Auch die Reaktion*

der anderen Pferde hat mir geholfen. Ich habe Spanishs Schweif behalten und möchte einen schönen Bilderrahmen damit gestalten. Eine Collage. Zuerst wollte ich den Schweif zusammen mit seinem ersten Gebiss und der allerersten Trense auf der Wiese begraben. Aber diese Idee gefällt mir jetzt inzwischen besser. Ein Andenken an ihn. Ich habe ihm zu Lebzeiten den Schweif nie geflochten, das ist jetzt das erste Mal. Ich bin immer noch traurig, und seitdem auch fast nie geritten. Erst jetzt, nach drei bis vier Monaten, habe ich allmählich wieder Lust ... unser Pepit mit seinen vier Jahren ist ja auch noch da und braucht mich jetzt."

Axel Gehrke aus Burgwedel hat eine andere Vorstellung und Umgehensweise, und auch sie ist konstruktiv.

„Ich will keinen Ort haben, an dem ich trauern kann. Ich trage doch die Erinnerung im Herzen. Die Seele ist für mich etwas, das bleibt, der Körper nur die Hülle, die brauche ich nicht für meine Trauer. Ich würde auch nichts übrig behalten wollen, Schweif oder Haare, oder gar ausstopfen. Als Andenken sind mir Bilder aus Lebzeiten lieber. Mein Pferd so in Erinnerung behalten, wie es war, wie ich es fit und munter erlebt habe."

Eine vorbereitende Imaginationsübung

Stellen Sie sich Ihrer Angst. Gehen Sie in die Situation, die Ihnen Kummer macht, Sie mit Sorge erfüllt, nicht einschlafen lässt oder wovor auch immer Sie Angst haben.

Was wäre denn das Schlimmste, was passieren kann?

Überlegen Sie in aller Ruhe und stellen Sie es sich vor – wenn Ihnen das unheimlich ist und Sie sich so sicherer fühlen, projizieren Sie das Bild auf die Kinoleinwand, die wir schon aus der kinesiologischen Übung kennen.

Beobachten Sie. Spüren Sie hin. Wie ist das, wenn Sie Licht hineinbringen? Und dann gehen Sie einen Schritt weiter und fragen Sie sich:

Was ist an diesem Gefühl, an dieser Situation eigentlich das Schlimme? Was für eine Emotion verbirgt sich hinter der Angst und kommt nun ans Licht?

...

Und wenn Sie dieses Gefühl haben, was ist dann? Wie fühlen Sie sich dann? Was ist der Kern?

...

Und was ist, wenn Sie sich so fühlen, dieses Gefühl erleben? Was ist daran das Schlimme?

...

Setzen Sie sich damit auseinander! Fragen Sie weiter, solange, bis Sie an den eigentlichen Punkt, den Urgrund Ihrer Angst, das dahinterliegende Thema gelangt sind. Wetten, dass Sie erstaunt sind, um was es eigentlich geht? Was dahintersteckt? Und dass es gar nicht so furchtbar ist, sondern handelbar? Doch klar, Sie haben ja Licht angemacht und hingesehen. Dazu gehört Mut. Den haben Sie bewiesen. Wenn Sie das eigentliche Kernproblem, Ihr „Thema" soweit herunterreduziert haben, stellen Sie fest, dass Sie in Wirklichkeit jede Menge Strategien, Lösungsmöglichkeiten, Ressourcen haben, damit umzugehen. Vielleicht gibt es sogar Situationen, aus denen Sie dieses Gefühl kennen, die Sie schon bewältigt haben? Woher kennen Sie es? Wie sind Sie damals damit umgegangen? Oder: Wie würde eine weise Person, die Sie sehr schätzen, die vielleicht sogar ein Vorbild für Sie ist, damit umgehen? Oder was würden Sie jemand anderem raten, der dieses Problem hat? Was könnte Ihnen helfen? Welche Rolle spielt der Faktor Zeit? Wann wird es wieder gut sein? Wie fühlt es sich in einer Woche an, in einem Monat? Was ist dann anders und wie sind Sie – im Geiste rückwirkend betrachtet – da hingekommen?

Umdeutung

Aus allem, was uns begegnet, lernen wir. Wir machen Erfahrungen, die uns weiterbringen. Sprich, wir können letztlich aus allem auch etwas Positives ziehen. Machen Sie sich das mit der folgenden kleinen Übung bewusst.

Schreiben Sie sich auf ein Blatt Papier die drei für Sie schlimmsten Assoziationen auf, die schwierigsten Punkte, die Ihnen zum Thema Tod, Trauern oder Abschied einfallen.

Vielleicht stehen da Worte wie Alleinsein, Einsamkeit, Verlust, Schmerz – vielleicht ganz etwas anderes.

Und nun machen Sie, losgelöst vom Zusammenhang, einfach nur noch auf das Wort bezogen, eine Liste von all den positiven Begriffen, die Ihnen zu Ihren drei Stichworten einfallen. Welche Kraft, welche Möglichkeit, welche Chance steckt beispielsweise im Schmerz? Assoziieren Sie ohne zu bewerten, es muss nicht politisch korrekt sein. Es ist durchaus erlaubt und sogar erwünscht, wenn da plötzlich „Zeit für mich" auftaucht oder „meine Grenzen erfahren". „Rückzug" kann auch „Energie tanken" ermöglichen. „Trauern" das „Zulassen von Nähe" mit sich bringen. „Depression" kann so etwas wie „Ausschlafen" oder „sensibel sein" kreieren. Deuten Sie um!

Es geht hier nicht darum, „negative" Gemütszustände zu glorifizieren. Nein, es geht darum, den Blick auf die Ressource zu lenken, das Positive herauszuarbeiten. Denn jede Medaille hat zwei Seiten, und wenn ich das Potenzial erkenne, das in der Kehrseite steckt, habe ich schon einen entscheidenden Schritt in meiner Trauerarbeit getan. Ich habe meine Trauer angenommen und gehe in die Eigenverantwortung. Ich treffe eine Wahl. Ich gehe damit um und bin nicht länger überwältigt.

So bringen Sie Licht in Ihre ganz persönliche Schreckenskammer von Projektion, Resonanz und Übertragung.

Bei Nacht sind alle Katzen grau und über der Stuhllehne kauert ein Monster. Wenn wir Licht anmachen, finden wir meist nur einen alten Bademantel ...

Externalisierung/Auslagerung

Stellen Sie sich vor, Sie könnten Ihren Schmerz, Kummer, die Verlustangst oder die Selbstvorwürfe irgendwo in Ihrem Körper spüren. Wo würde das Thema sitzen? Wo können Sie es lokalisieren? Gehen Sie mit Ihrer Aufmerksamkeit dorthin. Beschreiben Sie das Gefühl. Wie sieht es aus? Ist es groß oder klein? Dick oder dünn? Rund oder eckig? Bunt oder einfarbig? Schwer oder leicht? Fest oder flüssig? Welche Beschaffenheit hat es? Zählen Sie alle Details auf, beschreiben Sie sich selbst, was Sie da sehen oder fühlen – oder sehen oder fühlen könnten. Wenn es Ihnen auf direktem Weg schwer fällt – erfinden Sie es!

Nun stellen Sie sich vor, dass Sie Licht einatmen. Dieses Licht bringen Sie genau dorthin, wo Ihr Thema im Körper sitzt. Es fungiert wie ein ultimatives Lösemittel und bringt mit dem nächsten Ausatmen dieses Ding nach draußen, aus ihrem Körper heraus.

Wie geht es Ihnen nun? Verändert sich das Ding an der frischen Luft? Was möchten Sie gern damit machen? Verändern Sie es so, wie Sie es gern haben möchten oder geben Sie es ab. Achtung, selbst wenn Sie es auf den Mond schießen wollen, begleiten Sie das, was Sie tun mit Gedanken der Achtung und Respekt. Gehen Sie davon aus, dass dieses „Thema" Sie bis hierher begleitet hat. Es hat eine Aufgabe erfüllt, Sie brauchen es nicht mehr und nun kann es gehen. In Liebe bitte! Schließlich wollen wir keinen energetischen Abfall im Weltraum erzeugen. Also begleiten Sie bitte Ihre Entsorgung mit dem Gedanken, dass die Energie dieses Dings, das Sie nicht mehr

brauchen, sich in alles erdenklich Gute transformieren kann – ganz egal ob auf dem Mond oder da wo der Pfeffer wächst oder als Humus in der Erde.
Und zum Schluss noch ein Blick auf die Körperstelle, die nun befreit ist. Fühlen Sie da Leere oder hat sich Ihr Körper bereits das frei gewordene Territorium zurückerobert? Füllen sie es mit Licht auf. Einfach einatmen, genau. Sie kennen das ja schon.
Im Prinzip geht es bei all diesen Übungen um Erkennen und Loslassen. Und an dieser Stelle möchte ich gern an ein paar sehr weise Pferde verweisen und erinnern, die ich im Rahmen meiner Tätigkeit als Tierdolmetscherin im Stall von Sibylle Wiemer in Fintel kennenlernen durfte.

Sibylles Erfahrungen

„Wenn ich gefragt werde, was ich durch die Tierkommunikation gelernt habe, dann fällt mir ein Thema besonders ein – LOSLASSEN“, sagt Sibylle Wiemer.
„Besonders meine alten Pferde sind ‚Professoren‘ – sie erzählen, von Liebe, die da ist und nichts will – auch nicht, dass das Gegenüber in diesem Leben ist, weil alles im Fluss ist und alles Teil einer anderen Ebene ist und kein Abschied endgültig ist.
Als vor Jahren mein Karlchen wiederholt zu uns allen gesagt hat, ‚Ich bin ein Baum und manche Bäume fällt der Mensch‘ haben wir alle gezögert – selbst Karin – wir haben gezaudert, ein letztlich gesundes zehnjähriges Pferd ins Licht gehen zu lassen und ich schwöre Euch, durch seinen Tod sind mehr Menschen zu den Themen Tierkommunikation und Spiritualität gekommen als durch die geliebten Gespräche mit den lebendigen Pferden. Und der Frieden, den Karl im Loslassen erfuhr, ist unbeschreiblich.
Alles hat seinen Sinn – die Frage ist nur, wann jeder einzelne das Glück hat, Sinn aus schmerzhaften Begebenheiten zu ziehen.“

Ich fragte Sibylle, was ist für dich das Schlimmste, wenn du ein Pferd einschläfern lassen musst?

Sibylle: *„Das Fällen dieser endgültigen Entscheidung fällt mir schwer. Jedes Mal überlege ich, ob ich dieser Bestimmung ausweichen kann. Ich muss entscheiden, ob ein Wesen weiter leben soll oder darf. Diese Verantwortung ist immens. Sie macht mir Angst. Was wird, wenn ich die Entscheidung übereile oder zu lange hinauszögere? Wie entgehe ich Selbstvorwürfen oder Selbstmitleid? Ich habe Schulpferde. Zum Glück muss ich diesen Weg nicht alleine gehen. Berit, Pferdewirtschaftsmeisterin und meine Freundin, und Sabine, unsere Tierärztin und Freundin – wir besprechen alles genau. Wir wägen ab.*

Aber dazu muss ich weiter ausholen. 1990 begann alles mit einer Fernsehsendung: Schlachten oder Einschläfern! Berit und ich diskutierten und weinten eine ganze Nacht. Und wir begannen mit der Planung dieses unausweichlichen Ereignisses: Damals, in einem Moment, in dem es NICHT aktuell war, planten wir den Tod eines Pferdes.

Es ist eigenartig: In dieser Nacht entschied ich mich, mein Pferd schlachten zu lassen, während Berit ihre Stute einschläfern wollte. Und diese Wahl wurde uns nicht leicht gemacht. Damals gab es das Reitzentrum noch nicht. Eine Stute aus dem Kinderheim, in dem wir arbeiteten, war alt und hochgradig lahm. Ich hatte zu der Stute eine nicht so innige Beziehung, so entschied ich mich, sie zum Schlachter zu begleiten. Ich wollte die Sterbebegleitung ‚üben', für die Zeit, in der ich meine eigene Stute würde gehen lassen müssen.

Es ist bei uns sehr ländlich. Der Schlachter ist ein freundlicher älterer Herr gewesen, der, wie ich telefonisch ‚angeordnet' hatte, seine Schlachtehalle gesäubert hatte und auf uns wartete. Ich hatte ihm erklärt, dass ich zudem, wenn Hella sich fürchtet, sie direkt vor der Halle töten lassen möchte. Er willigte ein, bewunderte mich für meine Tapferkeit und kam mir mit der Erfüllung meiner Wünsche entgegen. Es ging alles sehr schnell und trotzdem: ich bekomme diese Bilder nicht aus meinem Kopf. Die Erinnerung wird wieder lebendig: Hella steht direkt vor der Halle, sie schaut sich zögerlich um, der Herr kommt mit dem Bolzenschussgerät und erklärte mir, ich bräuchte keine Angst zu haben, sie würde den Schuss nicht mehr hören. Ich war nicht genug vorbereitet. Das Zusammenbrechen der Stute auf dem gepflasterten Hof hörte sich unangenehm an und diese Reflexe, die noch durch den Körper gehen, fand ich schrecklich. Der Schlachter muss mein entsetztes Gesicht gesehen haben, er sagte immer wieder: ‚Mädchen, schau in ihre Augen, sie ist längst weg.' Das tat ich, aber das geöffnete Maul, die toten Augen und der immer noch zuckende Körper waren ein schreckliches Bild, von dem ich mich nicht abwenden konnte. Ich war erstarrt.

Der Schlachter bat mich zu gehen, befestigte die Ketten an den Beinen und zog den Körper ‚an die Haken'. Er ließ sie ausbluten. Das Geräusch des Blutstroms war das letzte, was ich hörte, bevor ich wieder im Auto saß.

Zum Glück hatte ich Jahre Zeit, um das Erlebte zu verarbeiten. Berit musste ihre alte Stute einschläfern lassen, auch ihre Erlebnisse waren belastend. Arva wehrte sich, musste nachgespritzt werden. Es dauerte lange. So litten wir beide an den Erinnerungen unserer ersten Sterbebegleitung und wir waren beide am Ende unseres Wissens.

Jahre vergingen. Das Reitzentrum bekam zum Zwecke des Therapeutischen Reitens viele alte, fürs sportliche Reiten unbrauchbare Pferde geschenkt. Wir wurden als Pferdeentsorgung missbraucht. 1996 mussten wir sieben Pferde töten lassen und es war das Jahr, in dem wir unseren Weg fanden."

Ich fragte Sibylle, ob man sich auf diesen drastischen Schritt vorbereiten kann?

Sibylle: *„Ja, da bin ich mir mittlerweile sicher. Selbst Hellas Tod, den ich für mich so unangenehm erlebt hatte, war lehrreich für uns.*

Als Pädagoginnen in einem Kinderheim waren wir gezwungen, offen mit dem Erlebten umzugehen. Wir erklärten den Kindern, dass es unsere Verantwortung ist, Hella von ihrem Leid zu erlösen. Und dass wir Menschen länger leben als ein Pferd, dass es unsere Pflicht ist, dieses Ende mitzugestalten und mitzuerleben. Hella starb an einem sonnigen Herbsttag, ein geistig behinderter Junge stand an dem Abend vor der Tür und starrte den Himmel an. Ich fragte ihn, was er suche. Er antwortete mir, er habe sich das genau überlegt, Pferdehänger können doch nur auf Wolken fahren, und nun sind doch keine Wolken da, wie kommt Hella denn in den Pferdehimmel? Ich weinte vor Rührung. Und ich nutzte die Zeit meiner Tränen, um eine Erklärung zu finden, die nicht kitschig und nicht albern ist. Ich fand keine. Ich setzte mich und sagte, in meinem Glauben brauchen Pferde auf dem Weg zum Himmel keinen Pferdeanhänger und so auch keine Wolken. Mich würde der klare Himmel sehr beruhigen, weil so der Weg nach oben ganz frei wäre. Wir erzählten uns noch einige Geschichten, in denen wir Hella in guter, lebendiger Erinnerung hatten ... und unser Leben ging weiter. 1996 ließen wir zum letzten Mal ein Pferd schlachten und wir verloren eine Stute bei der Geburt ihres Fohlens. Besonders das letzte war ein Erlebnis, das wir keinem Menschen wünschen, erleben zu müssen, aber wir haben viel gelernt. Lange vor Karin Müller und jedweden Ideen von Tierkommunikation, konnten wir beobachten, wie die sterbende Stute ihr neugeborenes Fohlen hochbringt, an die Wand lehnt und ihm die Zitzen in das Maul schiebt. Sie wusste, sie stirbt, sie hatte nicht mehr viel Zeit und ihre letzten Gedanken galten ihrem Sohn, der die Biestmilch brauchte. Sie hatte keine Zeit, Angst vor dem Sterben zu haben. Danach organisierten wir ein Einschläfer-Ritual.

Wir klärten alle Vorgänge im Vorwege ab, mit allen Handlungen, die dazu gehören. Wer ruft unsere Tierärztin an? Wer ruft den Abdecker an? Wer muss vorher informiert werden – unsere Pferde leben ja in einem Schulbetrieb mit Therapeutischem Reiten.

Diejenige von uns, die emotional nicht so betroffen ist, macht alle Telefonate: Unsere Tierärztin ist in den gesamten Prozess involviert. Zeitabsprachen sind wichtig, damit unschöne Erlebnisse mit dem Fahrer des Abdecker-LKW vermieden werden können. Der Bauer muss Bescheid wissen, damit er den Körper nach dem Abschied aus dem „Reitbetrieb" schaffen kann. Der Abdecker muss umgehend kommen, damit das tote Tier nicht so lange auf unserem Hof liegt, denn bei uns reiten gut hundert Kinder pro Woche, die im Durchschnitt sieben Jahre alt sind. Ich möchte nicht falsch verstanden werden. Nicht die Kinder sind das Problem. Manche Eltern fühlen sich gezwungen, dieses unangenehme Thema zu erklären und „rebellieren". Der Tod ist in unserer heutigen Gesellschaft ein Tabuthema. Gleichzeitig gibt es kaum noch Fernsehsendungen ohne sterbende Menschen, die übrigens nie die biologisch üblichen Restreflexe zeigen. Was für Widersprüche.

Die Reiter, die das Pferd besonders mochten, müssen die Möglichkeit bekommen, Abschied zu nehmen oder aber auch, sich zu entscheiden, „ihn so in Erinnerung zu behalten, wie er war." Beide Entscheidungen werden akzeptiert. Es gibt kein Überreden, keine Diskussionen. Bei diesem sensiblen Thema findet jede Person ihren eigenen Weg, jeder ist für sich selbst verantwortlich. Die Eltern aller Reitkinder müssen informiert werden, da der Schulhof am nächsten Morgen keine gute Nachrichtenstelle mit derartigen Neuigkeiten für Kinder ist."

Ich wollte von Sibylle wissen, wer bei dem Pferd bleibt, wenn es soweit ist.

Sibylle: *„Mittlerweile lassen wir alle, die es möchten, dabeibleiben. Meine Aufgabe ist es, im Vorwege zu erklären, wie das Einschläfern abläuft. Jede Person sollte darauf vorbereitet sein – mit allen Eventualitäten. Wir schläfern die Pferde, wenn möglich, auf dem Rasen vor der Ponyweide ein. Dann sind unsere Ponys dabei, können selbst Abschied nehmen, oder – in den meisten Fällen – ihre Leben weiter leben und uns Ruhe geben. Außerdem ist der Rasen weicher* *als gepflasterter Boden. Jeder Anwesende bekommt Zeit, sich bei dem Pferd zu bedanken – für die Zeit, die wir gemeinsam gehen durften – für die Arbeit, die das Pferd bei uns geleistet hat – für die Freude, die das Pferd uns geschenkt hat. Ich bin zutiefst überzeugt, dass es ein sehr tränenreicher Moment ist, aber das laut ausgesprochene Danke an unsere Pferde bleibt allen in guter Erinnerung. Das Wichtigste wird damit noch einmal gesagt. Wenn das eigentliche Einschläfern beginnt, muss jemand mit Kraft das Pferd festhalten, bei manchen Pferden ist der letzte Impuls auf die beginnende Wirkung ein Zurückweichen – das Pferd bleibt ein Fluchttier – ich möchte nicht, dass das Pferd sich in diesem Moment noch überschlägt. Das kann tatsächlich dann passieren, was für die folgenden Spritzen schlecht wäre. Westpoint war bei uns der Einzige, dem das passiert wäre, aber er konnte gehalten werden und zur Seite kippen. Da er in dem Moment des Fallens aber schon stirbt, kann man ihn am Überschlagen hindern, indem man ihn zur Seite zieht. Das würde bei einem lebendigen Pferd nicht gehen, aber in diesem Moment geht es. Wir müssen also auf diese Möglichkeit vorbereitet sein. Alle anderen Pferde, und das sind im Laufe der Jahre schon ein gutes Dutzend, fielen zur Seite. Die Tierärztin spritzt die erforderlichen Spritzen. Berit und ich entfernen das Halfter und ich lege immer meine Hand unter das untere Auge. Es ist offen, weil das Pferd schon ‚tot' ist, aber solange ich nicht die endgültige Bestätigung von Sabine habe, schütze ich das Auge vor Sand und Gras. Niemand kann mir sagen, ob das wirklich notwendig ist, aber mir geht es gut damit, mein letzter Dienst an dem sterbenden Pferd.*

Ich sitze gerne noch einige Momente am Widerrist, eine Hand auf dem Herzen, das schon nicht mehr schlägt, die andere unter dem Auge. Wir weinen alle, aber in unserem Verein ist es ein besonderes Ereignis geworden – dieses Hinüberbegleiten unserer Schulpferde. Nichts ist peinlich. Einmal ist auch ein Mann weggegangen, es ist ok, jeder bleibt so wie er kann.

Wenn Sabine den Tod bestätigt, entfernen wir uns aus der Aura, wir lassen ihn gehen. In unserer Erfahrung haben wir sonst das Gefühl, die Seele zu halten und das wollen wir nicht. Bis zu diesem Moment sprechen wir das Pferd noch direkt an, wir sagen laut so etwas wie: „Wir danken Dir und lassen Dich gehen – alles ist gut." Jeder mit seinen Worten, manche laut, manche leise. Danach sprechen wir nur noch über das Pferd, keine direkte Kommunikation mehr. Auch das ist Loslassen, oder?"
Karin: „Dieses Gehen lassen – ist das für Euch sichtbar?"
Sibylle: *„In meiner Realität ja, ein sterbender Körper lässt irgendwann die restliche Luft aus den Lungen. Da dieser normale biologische Prozess unterschiedlich lange dauert, hat uns eine Indianerlegende sehr geholfen. Sie beschreibt diesen Prozess als letzten Atemzug, den der Körper tut, wenn die Seele geht. Ein schönes Bild, das wir immer und immer wieder erzählen, weil es uns hilft, das Tier gehen zu lassen. Das hat nichts mit dem Herzschlag zu tun und ist auch nicht medizinisch ganz richtig, aber es hilft uns. Besonders, seit wir einen fünfjährigen Hengst einschläfern mussten, der noch nicht gehen wollte, bei ihm dauerte es ganz lange, bis dieses Entweichen kam. Seitdem sind wir damit noch sensibler geworden."*
Ich fragte: „Was empfindest Du in diesem Moment als schön?"
Sibylle: *„Danach sind die liegenden Pferdekörper so klein. Der Geist, die Seele, die Persönlichkeit ist aus dem Körper gegangen und die restliche Hülle wirkt klein und nicht mehr wichtig. Das hilft mir sehr. Nicht die Seele wird auf den LKW gepackt, sondern nur dieser Rest. Ab diesem letzten Atemzug ist kein Erleben mehr in dem Körper. Die Vorstellung tut mir gut. Jetzt ist es ein Loslassen, davor war es Begleiten, nun ist es loslassen – gehen lassen, ziehen lassen. Daher hilft mir auch Wind und Trockenheit. Für mich wäre Einschläfern bei Regen schwieriger. Es mag anderen Menschen albern erscheinen, aber gibt es bei diesem sensiblen Thema alberne Sichtweisen? Ich glaube nicht, ich bin da wie der neunjährige Sascha vor achtzehn Jahren – er hat mir gezeigt, wie wichtig es*

ist, Bilder und Imaginationen im Kopf zu haben. Diese Legenden und Phantasien helfen mir bei meiner Trauer.“
Meine nächste Frage lautete: „Was hat sich verändert seit Ihr die Tierkommunikation kennen gelernt habt?“
Sibylle: *„Die Telepathie macht mir die Entscheidung nicht leichter. Pferde sind komplexe Wesen, sie wirken so gebildet, wenn es um Weltanschauung und Spiritualität geht. Und gleichzeitig machen die Pferde es mir einfacher. Ich zitiere mal einige unserer Pferde zum Thema Tod.“*

Leo, 1975–2007, Schulpferd seit 1990

Leo hatte einen schweren Heidekutschenunfall, wurde danach bei Sibylle zum Therapiepferd per se. Als 1997 Contra starb, stand Leo lange am Zaun und hat zugesehen. Sibylle gab anderen Pferden die Gelegenheit, von dem toten Pferd Abschied zu nehmen. Sie hatte Leo „übersehen“.
Protokoll 2002:
„Ich sehe auch nicht mehr so gut wie früher, aber es reicht, um sicher zu arbeiten. Sibylle soll sich nicht so viele Gedanken machen. Ich kenne ihre Gefühle und ihre Sorgen. Das sterbende Pferd, (das war Contra) der Abschied, das war damals. Es hat in der Tat geschmerzt, dass ich nicht hingehen konnte. Das ist eine verpasste Gelegenheit. Man kann die Zeit nicht zurückbringen. Es ist vorbei. Traurig, aber nicht ungeschehen zu machen. Trotzdem wird es ja ein Wiedersehen geben. Ich habe es nur nicht verstanden damals. Gut, dass sie es ausgesprochen hat. Ich begreife die Menschen manchmal nicht, wir vergessen anders, aber ich habe gefühlt, was in ihr ist. Es ist angekommen, schon gleich danach, wie leid es ihr tat. Contra war wichtig für uns alle, ein großer Verlust. Ich werde auch einer sein. Jeder von uns, wenn er geht. Das ist so. Wir leben damit. Wir sterben damit. Und es geht weiter. Menschen hadern. Das ist ihr Problem. Mit dem Unausweichlichen. Wir wissen viel

mehr um die Kräfte der Erde und sehen selbstverständlich, dass es weitergeht. Wir haben stetigen Kontakt. Mit wem, der will und kann. Ich möchte in Frieden älter werden. Noch ein bisschen. Das ist gut. Tötet mich nicht vor der Zeit. Ihr werdet es spüren. Loslassen aber ist gut. Auf beiden Seiten. Aber ich kann es auf jeden Fall. Wir alle können es, wenn die Zeit stimmt. Menschenproblem. Bitte die Möhren nicht vergessen. Und das Wasser nicht eiskalt. Doch, ein bisschen weiterarbeiten im Menschensinn, das möchte ich schon. Ich danke für das Gespräch und die Anteilnahme."

Auch Leo hat danach noch fünf Jahre gelebt und jeden Sommer gesagt, er würde wahrscheinlich gehen, wenn die Blätter fallen. Er ging im Februar, gemeinsam mit seiner alten Freundin, er half Sibylle sehr, dieses doppelte Einschläfern durchzuführen.

Ferro, 1988–2008, Schulpferd seit 1993

Ferro hatte als Fohlen einen Unfall mit folgenden chronischen Becken- und Hüftproblemen. Sibylle „rettete" ihn 1993 vor dem Verhungern.

Protokoll 2003 (Ferro hatte wiederholt Probleme im Winter):

„Ja. Sie überlegt schon so lange. Einerseits bin ich nicht der Typ, der anderen aus der Patsche helfen will, und wenn ihr die Verantwortung übernommen habt, dann sollt ihr sie auch tragen und mich allenfalls hinüberbringen, weil meine Knochen kaputt sind. Andererseits liebe ich Sibylle so sehr und bin ihr so dankbar, dass ich für all die wunderbaren Jahre, in denen sie mich gehegt und gepflegt hat, hochgepäppelt und an mich geglaubt hat, gerne mein Leben für sie opfern würde, damit es ihr besser geht. Schließlich hatte ich viele schöne Jahre, die ich sicherlich nicht gehabt hätte, wäre sie nicht gekommen und hätte mich rausgeholt. Daher bleibt die Entscheidung ihr allein überlassen. Ich werde ihr nichts nachtragen. Sage Sibylle, dass ich ihr die Entscheidung nicht abnehmen werde. Dafür ist mein Leben zu schön geworden. Aber sage ihr auch, dass

ich ihr, wenn es denn nicht anders geht, mein Leben gerne opfern würde. Der Grund ihres Herzens soll allerdings wirklich der sein, dass meine Knochen kaputt sind. Woanders möchte ich nicht hin, dort würde es mir schlechter gehen. Dann verlasse ich diese Welt lieber. Manchmal lahme ich, aber es tut einfach nicht weh! Ich möchte noch nicht wirklich gehen, ein wenig noch die Zeit genießen, den Frühling, wenn alles gut riecht und das Grün saftig wird, die Sonnenstrahlen im Sommer mit der frischen Weide. Fröhliche Menschen um mich herum, meine Kleinen ...
Sibylle, hast Du noch so lange Zeit?"

Sibylle: *„Ja, ich hatte noch fünf Jahre Zeit und es kam, wie er es wollte. Er verletzte sich im Januar und hörte auf sich zu bewegen. Er stand da, ließ uns organisieren. Er nahm Abschied von manch kleinen Kindern, die ihn noch mal mit Leckerchen erfreuten und machte sich danach nach vielen Stunden totaler Unbeweglichkeit auf seinen letzten Weg. Er hatte den Übergang so bekommen, wie er es wollte. Er hatte gearbeitet, kleine Kinder erfreut und ist dann von heute auf morgen wegen seiner Knochen gegangen – kein Siechen, kein Immer-schlechter-Gehen".*

Karl, 1991–2001

Ich fragte „Glaubst Du, dass es Pferde gibt, die gehen wollen?"
Sibylle: *„Ja und nein, die Ausnahme ist Karl. Ich hatte diesen bildschönen siebenjährigen Trakehner als unreitbar gekauft. Er stieg und warf den Kopf nach hinten, so dass er sich wiederholt mit namhaften Reitern und Ausbildern überschlagen hatte. Ein Ausnahmepferd, nur schön und von hervorragender Qualität. Als wir dich kennenlernten, ahnten wir alle nicht, wie viel wir durch dieses Pferd noch lernen sollten. Seine Protokolle waren wortkarg, fast von unfreundlichem Tonfall und immer wieder dieser Satz: „Ich bin ein Baum. Manche Bäume fällt der Mensch."*

Wir interpretierten den Satz zunächst falsch, glaubten, er suche Schatten auf seiner Weide. Aber nein, es sollte ganz anders kommen. „Andere Pferde haben es schwerer als ich, gehen ohne Sinn durchs Leben. Das hätte ich mir damals nie träumen lassen. Manche weinen ihr Leben lang und kein Mensch hört sie. Wir sind viele hier, die helfen und uns wird auch geholfen. Ich mag keine Menschen, die stinken – ob nach Parfum oder Schmutz ist mir gleich. Mag keine fremden Menschen, die mich einfach betatschen, obwohl sie sich nicht danach fühlen, unsicher sind. Nicht verstehen macht mich wütend. Nicht verstehen, was wir tun, wie wir arbeiten, was wir sind. Will geschätzt werden, bin ein wertvoller Helfer. Investiere Kraft. Wut auch, wenn ich zu wenig Freiraum habe. Brauche Raum, mich auszutoben, die Spannung abzubauen, die ich wie negative Energie auf mich nehme. Muss diesen Ballast auch wieder loswerden können, nicht in mich aufsaugen wie ein Schwamm, dann explodiere ich. Andere Pferde. Mit wem ich toben kann finde ich gut. Auch wer mich lehrt, finde ich gut. Stuten sind mir etwas fremd. Ich bin ein Baum und manche Bäume fällt der Mensch.“

Karlchen wurde bei uns wieder reitbar, wir gerieten ins Schwärmen. Zwei Dinge wurden deutlich, es durfte niemand auch nur einmal mit der Zunge schnalzen, wenn ein Reiter auf ihm saß. Und wir durften ihn nicht zeigen oder vorführen. Er rastete total aus, wenn er im Rampenlicht stand, mochte es auch noch so klein sein. Nachdem er beim Steigen seiner Reiterin das Knie blutig gebissen hatte, hörten wir auf, ihn zu reiten. Er wurde Fahrpferd, sammelte neue Erfahrungen und es schien, er habe seine Ruhe gefunden. Bis zu dem Zeitpunkt, an dem er ‚gut‘ wurde und für seine Leistungen und seine Ausstrahlung bewundert wurde. Der Kreis schloss sich für ihn, ein Fahrlehrer wollte noch eingreifen und schnalzte mehrfach mit der Zunge. Innerhalb von zwei Minuten zerschlug Karlchen seine Kutsche. Er gab auf.

Das folgende Protokoll war für uns und auch für Karin eine echte Belastung. Ein seelisch behindertes Pferd, das sein Leben lang auf Leistung und Schönheit gedrillt war, und den Ansprüchen der Menschen nicht genügen konnte. Er begann zu kämpfen, bevor der Mensch ihm den Krieg aufgezwungen hatte. Er war wie ein schwer bewaffneter Guerillero, jederzeit bereit, zu töten.
Erinnerst du dich noch an den Brief, den du damals dem Protokoll beigefügt hast?
„Hallo Sibylle, so … fiel mir sehr schwer, und dann natürlich meine eigenen Gefühle und Gedanken, so ein herrliches Pferd, was Menschen aus ihm gemacht haben. Einfach grausam und ungerecht. Aber da hat er mich auch gleich wieder gerügt. Auch das sei eine Art Aufgabe und mit Sinn verknüpft. Ich krieg das kaum in Worte gefasst … es ist ein Abend füllendes Thema, aber so ‚nonverbal' habe ich verstanden, was er meinte …
Auf dieser Ebene trägt er es mit Fassung – seine Seele quasi steht da vollends drüber. Aber es zerfrisst ihn, was er euch damit eingebrockt hat. Ich weiß nicht, du kennst bestimmt ganz ähnliche Fälle aus deiner Erfahrung als Pädagogin im Kinderheim. Dieser Selbsthass, blinde Zerstörungswut und nicht kontrollierbare Aggression, die nach Liebe schreit und doch nicht annehmen kann. Er weiß jedenfalls, was passiert. Leider kann ich dir nicht eindeutig sagen, ob das mit dem Schuss nun eine gute Idee ist oder nicht. Es wirkte so auf mich. Aber das war mehr sein Ding mit dem Baum … fallen, nicht wegdämmern. Aber ein Schlachter (allein die Ausstrahlung) würde ihm, glaube ich, den letzten Schock seines Lebens verpassen. Das würde ich ihm nicht antun. Und auch nicht komplette OP-Narkose und nicht mehr aufwachen.
Ich glaube, er möchte die letzten Minuten haben, um ohne die Angst, euch etwas antun zu können, noch einmal eure Liebe zu spüren (während ich das schreibe, heule ich Rotz und Wasser – also muss da was dran sein). Wird sein Fahrer dabei sein? Ich glaube, das braucht Karl. Und auf der Weide? Oder hast du dabei

kein so gutes Gefühl? Es tut mir Leid, dass ich nicht mehr helfen konnte. Ich habe mein Möglichstes getan. Aber ich kann dir wirklich nicht sagen, wie er reagieren wird ... Das folgende Protokoll wird harter Tobak sein, fürchte ich. Ich bin auch völlig fertig. Ich ruf dich nicht mehr an. Kann jetzt eh nicht mehr reden. Ganz liebe Grüße und fühl dich fest gedrückt! Karin
P.S. Es ist für Karl in Ordnung. Er weiß, dass ihr alles getan habt. Denk dran und lass dir das einen kleinen Trost sein. Es musste genau so kommen, so blöd das klingt."
Ich zitiere bewusst Karin in ihrer letzten Mail zu Karlchen zuerst, wir ahnen, was nun kommt. Ja, es ist harter Tobak. Ein misshandeltes Pferd ohne Vorwürfe an die Menschen, die das getan haben, aber voller Wut gegen sich selbst und die, die ihn liebten. Er konnte diese Liebe nicht ertragen. Karlchen wurde zehn Jahre alt.

Protokoll, Mai 2002 – nach Karls Kutschunfall
„Aufgeblähter Bauch, Schmerz, der mich zerreißt. Von innen heraus. Aufgestaute Wut. Ich wollte nur weg. Weg von allen, die mich hier halten. Weg von dem Fahrer, der mich liebt. Muss zerstören, was mich hält und liebt, bin es nicht wert. Schmerz. Wie Gummischnalzer. Das macht mich wahnsinnig. Das Geräusch. Ich will nicht gehen, aber weiß nicht wohin. Weiß, dass sie alles versucht haben. Es ist nicht Sibylles Schuld. Sie ist eine gute Frau. Es tut mir so Leid. Fühle mich schuldig. Sie können alle nichts dafür, es ist, was ich mitgebracht habe. Nerven. Ich bin kaputt, ich schaffe es nicht. Habe aufgegeben ja, sie weiß es doch. Ich kann nicht anders. Ich werde wieder alles kurz und klein schlagen. Ich kenne keinen anderen Weg als Selbstzerstörung. Bodenloser schwarzer Hass, der mich aufsaugt. Bin gefangen in mir. Gebt mir einen neuen Körper. Ich quäle mich selbst zu Tode. Ich will hier weg, aus mir heraus, und kann doch nicht. Wo geht es hin. Es tut mir so Leid. Ich kann es nicht steuern. Ich möchte nicht allein gehen. Ich möchte so gern, dass sie bei mir sind. Aber ich habe es

nicht verdient. Ich verstehe es, wenn sie nicht können. Ich komme hier nicht raus aus meiner Ecke. Zerrissen, gefangen in mir. Ich wäre so gern ein anderes Pferd, eins wie sie. Vielleicht hasse ich sie darum so. Weil sie anders sein können. Aber sie biedern sich an teilweise. Ekelhaft. Zollen mir keinen Respekt. Meinem Schicksal, die anderen Pferde. Ich möchte sterben wie ein Mann, nicht wegdämmern. Aber ich habe Angst. Ein Knall und vorbei klingt gut. Aber ich mag den Geruch nicht, den er an sich hat, der Mann, der ihn bringt. Ich weiß, was kommen wird, natürlich. Der Fahrer hat es längst gesagt und Sibylle ist ein offenes Buch. Es geht so nicht weiter. Ich weiß, dass ich in einer Sackgasse stehe. Alle zerreißen sich durch mich. Es ist meine Schuld. In unserem ersten Gespräch, so wäre ich gern geworden. Hätte so gern dazugehört. Aber ich bin nur ein elender Außenseiter. Sie trauen mir nicht und ich kann es verstehen, ich traue mir selbst nicht, ich gehöre nicht dazu. Ich möchte die Chance in einem anderen Leben bekommen. Dahinein legt meine Seele Hoffnung. Drehe mich im Kreis. Ohnmächtige Wutattacken. Komme nicht heraus, wenn ich um mich schlage, sind das Hilfeschreie. Aber wie nimmt man tobende achthundert Kilo in den Arm? Ich weiß es wohl. Nehmt mich beim Abschied in den Arm, vielleicht kann ich dann, endlich, die Liebe annehmen, die ihr mir gebt. Ich möchte mich bedanken, für alles, was ihr getan habt. Eure Liebe kam soweit vor, wie es nichts anderes hätte schaffen können. Schwarze Haut ums Herz. Ich wusste es da schon (der Tag, den du mir beschrieben hast, als er wie ein begossener Pudel da stand). *Es ist akzeptabel. Ich möchte, dass der Fahrer mir verzeiht. Dann kann ich gehen. Es ist mein Schicksal. Grämt euch nicht. Manche Bäume fällt der Mensch.*

Ich habe hier noch eine gute Zeit erleben dürfen. Viel mehr, als ich mir damals hätte erträumen lassen. Ich habe Liebe kennengelernt, wenn ich sie auch nicht so zurückgeben konnte. Ich werde es auf andere Art tun, später. Es tut mir Leid, wenn ich euch viel aufgebürdet habe. Aber es wird sich ausgleichen, das verspreche ich.

Ich bin nicht so kerngesund, wie ich aussehe. Das werdet ihr schon sehen, wenn ihr mich aufschneidet ... Bitte, es ist gut so. Ich werde ruhiger, ich spüre es. Ich werde mich führen lassen. Ich habe Angst. Aber ich werde versuchen, mich zu beherrschen. Bitte seid bei mir." (Karins Kommentar: „Es fällt ihm unglaublich schwer, um etwas zu bitten, da ist so viel Trotz und Angst und Wut und Selbsthass ... Er ist ein unglaublich sensibles, kluges Pferd mit wahnsinnigen Tobsuchtsanfällen ... Kamikaze irgendwie ... Er hat jede Menge Schuldgefühle, er möchte die Liebe so gern annehmen, die er bekommt, aber irgendwann kippt es, und kehrt sich ins Gegenteil um, dann schlägt er einfach blind um sich und hasst sich dafür wiederum selbst. Es ist ein absoluter Teufelskreis.")

Karlchen wurde an einem sonnigen Dienstagabend um halb acht eingeschläfert. Viele Telepathen haben ihn an diesem Tag begleitet. Um ihm Mut zu machen oder uns zu schützen. Nachmittags um vier rief eine Freundin an, und fragte, was Karlchen gerade macht. Ich wusste es nicht, ich hatte mich zu Hause zurückgezogen. Ich fuhr sofort los, sie erzählte mir Folgendes: Er habe ihr gesagt, er könne nun nicht mit ihr reden, er wolle nun einmal noch die Kraft dieses herrlichen Körpers spüren. Kurz danach rief Karin an – er habe ihr gesagt, er wäre nun bereit, und er wäre vor sich selbst nun sicher. Wir brauchen keine Angst mehr zu haben. Ich erreichte seine Weide und sah, dass er die gesamte Grünflache „umgepflügt" hatte. Er muss wie irre getobt haben, was mir dann andere Augenzeugen berichteten. Letztendlich hatte er eine Wiese in eine schwarze Wüste verwandelt und war auf dem unebenen Boden weggerutscht.

Er stand nun auf drei Beinen. Er konnte zwar kaum noch gehen, aber er wirkte ruhig und zufrieden. Keine Anzeichen von Schmerz oder Angst. So humpelte er zum Stall und starb ruhig. Er fiel schnell, er starb und ging. Eine große Pferdepersönlichkeit.

Eine Freundin sagte, wir sollen uns die Bilder der Verstorbenen erst ansehen, wenn wir dabei lächeln. Solange das nicht geht, sollen wir sie loslassen. Bei keinem Pferd hat dieser Prozess so lange gedauert wie bei Karlchen und mir. Es war mir peinlich ein Mensch zu sein. Heute denke ich, er konnte loslassen, dann kann ich es auch, ich kenne ja sein Leid nur aus Erzählungen, er musste es erleben.“

Sibylle Wiemer

Abschied von Sultan

„Ich war gerade vierzehn Jahre alt, als ich damals mein etwa zweijähriges Pferd „Sultan“ bekam. Er war als Zweijähriger schon voller Stolz und Würde. Ein Schimmel mit Charakter. Er eroberte mein Herz und war für mich da, wann immer ich ihn brauchte. Er tröstete mich und baute mich auch wieder auf. Wir wurden zusammen erwachsen und waren unzertrennlich. Wir verstanden uns ohne Worte.

Vor fast genau zwei Jahren wurde er sehr krank. Er bekam Hufrehe auf allen vier Hufen und stand in der Klinik. Die Tierärzte machten mir damals wenig Hoffnung. Ich konnte nicht glauben, dass es jetzt vorbei sein sollte. Ich umarmte ihn und weinte. Und was machte mein Süßer: Er drehte sich um und ließ mich weinend und alleine stehen. Erst verstand ich die Welt nicht mehr. Dann sagte mir sein Blick ganz deutlich, dass alles halb so wild sei und wieder gut wird. Ich verließ mich auf mein Gefühl und dies wurde mir auch in einer späteren Kommunikation mit ihm bestätigt. Sultan zeigte mir damals sehr deutlich, wie es um ihn steht und was ich noch lernen musste. Auf mein Gefühl hören und nicht immer an mir zweifeln ...

Er hatte viel Willen und kämpfte darum, wieder nach Hause zu kommen. Er schaffte es und erholte sich super.

Zwei Jahre später dann war es soweit. Sultan war etwa siebenundzwanzig Jahre alt, als er sich bereit machte zu gehen. Es fing damit an, dass er nur noch wenig fressen wollte oder konnte. Er trank und pinkelte sehr viel. Ich ließ den Tierarzt kommen, der Blut nahm und ihn spritzte und meinte, dass es am nächsten Tag besser sein oder Sultan in die Klinik müsste. Er vermutete die Nieren als Ursache. Ich machte mir an diesem Tag noch Gedanken, in welche Klinik ich ihn bringen würde. Am nächsten Morgen sah ich, dass Sultan fast nichts gefressen hatte und es ihm nicht besser ging. Sultan schaute mich an und ich wusste sofort, dass er nicht mehr will und kann. Und ich spürte ganz deutlich, dass er keine Klinik oder Tierarzt mehr wollte. Ich war so geschockt und wollte es nicht glauben. Er wollte seinen alten verbrauchten Körper verlassen und ich sollte es so annehmen. Ich habe vier verschiedene Personen gebeten, mit ihm Kontakt aufzunehmen. Alle vier bestätigten es so, wie ich es gefühlt und gespürt habe. Alles war so, wie ich es nicht wahrhaben wollte. Meine Welt brach zusammen. Warum wollte er „jetzt" schon gehen? Es war schwer für mich, es so anzunehmen und zu akzeptieren. In den Kommunikationen sagte er unter anderem: *„Ich bin müde, alt, traurig, aber auch sorgevoll, sorgevoll um Dich, Petra. Ich weiß, wie schwer es Dir fällt. Ich bin traurig und froh zu gehen, einige Dinge wollte ich mit mir selbst noch klären. Meine Kraft ist nicht mehr stark und so möchte ich mich nicht zeigen. Ich bin immer stark, klar und stabil gewesen, mental wie äußerlich. Aber davon ist nun nicht viel zu spüren ... Nun ist die Zeit gekommen, die wir beide nicht wollten und so lange hinausgezögert haben. Du hast weiter wundervolle Freunde hier, du weißt es. Wir sind verbunden, auch das weißt Du. Mir geht es nicht gut, mein Körper wird innerlich zerrissen und ich möchte das so nicht. Mein Atem fällt mir schwer, ich habe kaum Hunger. Der Magen und der Darm wollen nicht mehr mit mir zusammenarbeiten. Mein Herz ist schwach, der Kreislauf unstabil. Meine Stärke geht dahin und Du weißt, wie stark ich immer gewesen bin. Das liebst Du doch so an mir, nicht wahr? Sieh mich so, wie ich war und nicht, wie ich* *nun bin. Ich habe ein schönes kraftvolles Leben bei Dir gehabt, konnte Dir viel beibringen. Du bist MIR gefolgt und nicht ich Dir. Dafür bin ich Dir dankbar. Aber das weißt und spürst Du schon. Du siehst schon viel länger das Licht um mich herum, als andere. Bitte nimm es an und wahr ... Es wird heller ... Es würde mir helfen. Befasse Dich damit. Du bist stärker als Du es ahnst und Du wirst daran wachsen, auch wenn Du es noch nicht akzeptieren willst. Du wirst daran wachsen. Ich habe Dich sehr lieb. Bitte sorge Dich nicht. Das gefällt mir nicht. Aber das weißt Du auch. Ich habe nur Angst um Dich, nicht um mich. Mir wird es leicht zu gehen. Der Kontakt zu ihnen ist schon seit längerem da. Fahre mich nicht in diesen kalten Ort, wo ich viele Spritzen und Dinge bekomme, die ich nun nicht mehr will. Lasse mich auf dem Hof, bei meinen Freunden, um in Ruhe Abschied nehmen zu können. Lass mich hier Abschied nehmen ... Du hast wundervolle Freunde hier, die das weitertun werden, was ich angefangen habe: Dich in Deinem Leben begleiten! Nimm es mehr wahr und bleibe nicht an mir hängen. Das wäre den Anderen nicht fair gegenüber. Du bist stark! Die Tage nun werden vom Wetter her schön werden. Es ist richtig und gut gewählt dafür. Der Abschied wird kommen, meine Freundin, er wird kommen. Ich sehne mich danach, aber es ist auch ein Bestand der Trauer in mir, der Dir gehört!!! Lache mehr, wenn Du an mich denkst, so fällt es uns beiden leichter. Ich höre Dich soooo gerne lachen!!! Ich liebe und achte Dich ...“*

„Wir sind am Abschied nehmen. Mein Körper macht nicht so, wie ich das will. Ich bin schwach geworden. Ich habe keine Angst vor dem Wechseln der Form ... Ich weiß, wie das geht. Es war schon so oft so. Ich bin eine alte Seele, das weißt Du. Und ich werde auch bei Dir sein, wenn mein Körper nicht mehr da ist. Du wirst mich spüren, Du wirst es wissen. Ein Teil meiner Seele ist ein Teil Deiner Seele ... Ich werde in Dir spürbar sein. Ich möchte, dass Du glücklich bist, nicht traurig. Ich gehe doch nur hinter den Schleier. Ich lege doch nur diesen müden Körper ab. Verstehst Du das? Ich habe

ein sehr großes Herz. Bleibe offen und sei mit mir im Herzen. Dann spürst Du mich. Ich möchte das Abschiedsritual mit Dir machen. Nur wir beide. Ich zeige Dir auch, dass ich Dich verstanden habe. Ich möchte viel Zeit mir Dir, einfach „sein" und sprich viel mit mir. Ich verstehe jedes Wort. Wenn der Schmerz kommt, gehe ich aus dem Körper. Ich leide nicht. Du weißt doch, wie. Es ist ganz einfach. Ich bin dann noch da, aber eigentlich bin ich nicht mehr hier ... sondern auf der anderen Ebene. Dort ist es leichter ... Bitte mich um ein Zeichen, wenn ich Hilfe zum Sterben brauche. Ich gebe es Dir ... Ich sehe manchmal schon die, die mich abholen, sie sind wunderbar hell und stark ... ich gehe dann ein Stück mit ... aber ich komme immer wieder zurück. Wenn Du mich gehen lässt, dann gehe ich. Unser Band bricht nicht. Es ist wichtig für uns beide. Ich kann in Deinem Herzen sein, wenn Du es zulässt. Ich möchte, dass Du bei mir bist. In Stille, einfach so „sein". Ich verstehe, wenn Du sprichst, ich lese die Bilder in Deinem Kopf. Ich liebe Dich ... Wir waren schon oft beisammen, unsere Wege noch immer zusammen sind, auch wenn mein Körper dann weg ist. Ich habe alles auf meine Art getan und ich habe mein Leben genossen. Ich mag die Luft und die Sonne und ich mag Dich und alles, was um mich herum ist. Ich bin glücklich. Schau mich mit den Augen des Herzens an, dann ist mein Körper weg und ich bin so strahlend für dich, wie ich eigentlich wirklich bin. ... Du hast mich verstanden, auch ohne Worte und ich habe Deine Liebe gespürt, so wie Du meine gespürt hast. Vergiss nie: Die Liebe ist das Wichtigste und nur sie zählt wirklich. Lass Dein Herz offen und lächle, wenn Du an mich denkst. Ich bin Dein Schatz und Du kannst mich alles fragen, was Du möchtest. Du wirst Antwort erhalten. Ich verbinde Dich mit dem großen Meer, in dem wir alle sind. Sei fröhlich, lächle mit mir und lass mich Deine Haut spüren. Atme mit mir, sei bei mir und atme mit mir. Ich war hier und ich bin hier, um Dir Freude zu bringen und Dich sanft zu führen. Auch auf diesen letzten Weg. Ich liebe Dich seit unendlichen Zeiten und für unendliche

Zeiten. Wäge gut ab, bevor Du eine Entscheidung triffst, gleich welche. Alles ist gut, aber leichter ist das, was Du im Herz und Bauch als richtig empfindest. Und vor allem: umarme Dich selbst, immer wieder. So, wie Du mich umarmst. Du bist auf dem richtigen Weg. Vergiss nicht ... ich bleibe in meiner Essenz bei Dir. Du verlierst nichts, nur eine Form ... Lass alles fließen ... alles ist im Fluss, alles ändert sich. Nichts bleibt gleich. Hab keine Angst vor Veränderungen, sondern nimm sie offen ins Herz und schaue sie an. Es ist gut und es wird gut.“

Ich war glücklich und traurig zugleich, als ich diese Zeilen las. Sultan bestätigte sehr viel, was ich spürte und fühlte. Ich wusste nicht, wie viel Zeit uns noch verbleibt. Ich wusste nur, dass jetzt alles andere Zeit hatte. Nur das Zusammensein mit ihm zählte noch für mich. Auch das Ergebnis der Blutprobe zählte für mich nicht mehr. Er schenkte mir noch wunderschöne drei Wochen seit den Gesprächen. Drei Wochen Zeit, nur wir beide ... Ich verbrachte jetzt nicht Tag und Nacht im Stall, so gerne ich es gemacht hätte. Sultan signalisierte mir immer ganz deutlich, wenn er seine Ruhe haben wollte und ich gehen sollte. Ich war nicht traurig, wenn er mich „wegschickte“, sondern glücklich für die Zeit, die ich bei ihm verbringen durfte. Bis zwei Tage vor seinem Ableben waren wir fast täglich noch spazieren. Er konnte es immer kaum erwarten, bis ich endlich kam. Wir waren schon lange vorher ohne Halfter oder ähnliches unterwegs. Er durfte frei entscheiden, wo er hinlaufen wollte. Es war fast täglich der gleiche Weg. Zu einer Wiese, die er schon immer liebte. Stunden verbrachten wir dort, obwohl er das Gras gar nicht mehr fressen konnte. Wir genossen die letzten schönen sonnigen Herbststrahlen und ich spürte ganz tief in meinen Herzen, wenn sich die Herbstsonne verabschiedet, würde auch er Abschied nehmen. Er wurde immer schwächer und kämpfte sich immer wieder

zu dieser Wiese. Mir kam es so vor, als ob er sich innerlich zurückzog. Kein Wiehern der anderen Pferde hörte er mehr. Er war in seiner „Welt" und glücklich, wie es war. Es tat mir so gut, einfach nur in seiner Nähe zu sein. Auch Cora, der junge Hund vom Besitzer der Wiese besuchte uns immer. Kaum waren wir dort, gesellte sich Cora zu uns. Anfangs hatte sie sehr Angst vor Sully. Doch dann merkte sie, dass er total lieb war und wollte mit ihm spielen. Sie verbrachte immer sehr, sehr viel Zeit mit uns dort und freute sich immer, wenn wir kamen.
Eines Tages graste Sully friedlich in der Wiese. Ohne mir ersichtlichen Grund schaute er auf einmal nach oben in Richtung Himmel und wieherte. So als ob er sagen wollte „Ich werde bald kommen". Dieses Wiehern galt keinem Pferd. Er hatte mit einer anderen Ebene kommuniziert. Dieses Gefühl war ganz deutlich.
Abends wollte Sultan oft gar nicht mehr in den Stall. Einfach hier und da noch etwas schauen und fressen usw. Sich verabschieden, von allem, was er so kannte, woran er all die Jahre vorbeigelaufen war. Ich war oft täglich fünfmal im Stall. Und er freute sich immer und wieherte, wenn ich kam. Viel zu sich nehmen konnte er nicht mehr. Also besorgte ich alles das, was ihm noch schmeckte. Ich versuchte, ihm seine letzte Zeit so angenehm wie möglich zu machen. Ich lachte mit ihm und weinte aber auch sehr viel. Ich wollte immer stark bleiben. Aber ich wurde auch oft sehr schwach. An einem Abend war ich bei ihm und wir führten zusammen ein Abschiedsritual durch. Es war dunkel und ich zündete eine Kerze an. Es waren nur wir beide und die anderen Pferde nebenan. Mir war es sehr wichtig, das sogenannte Regenbogenritual mit ihm durchzuführen. Ich umarmte ihn und begann mit dem Moment unseres Kennenlernens, dem Tag, als ich ihn zum ersten Mal sah. Dann ließ ich alle anderen Stationen – lusti-

ge, traurige, ärgerliche, gefährliche in mir hochkommen, habe sie erzählt, gesehen und gespürt ... Ich spürte die Freude, das Glück, das Lachen, den Ärger, die Angst, den Kummer, die Erleichterung, den Stolz, die Liebe, die Sorge usw. Und während dieses Erinnerns stellte ich mir vor, dass ich mit ihm an meiner Seite einen wundervollen Regenbogen hinaufgegangen bin. Bei unserem letzten gemeinsamen Erlebnis waren wir am Ende des Regenbogens angekommen. Dort sah ich eine goldene Brücke, die in die geistige Welt führte ... Ich sagte ihm nochmal alles, was ich ihm noch sagen wollte und dankte ihm für die wunderschöne Zeit. Dann sagte ich ihm, dass ich ihn loslassen werde, wenn er über die goldene Brücke in die geistige Welt gehen möchte. Ich habe ihn nicht geschickt. Ihm nur zu verstehen gegeben, dass ich ihn loslasse, wenn die Zeit dafür gekommen ist. Dann sind wir zusammen den Regenbogen wieder heruntergegangen.
Sultan hörte mir bis zum Schluss zu. Und ich spürte, er verstand jedes einzelne Wort und las meine Bilder im Kopf. Ich fühlte mich erleichtert und freier, als ich an diesem Abend nach Hause gegangen bin. Ich hab ihm alles gesagt, was ich ihm noch sagen wollte und was das Wichtigste war: Ich habe ihn losgelassen. Wirklich losgelassen. Ich war bereit ...
So vergingen noch einige wunderschöne Tage. Ich dankte ihm für jeden Tag, den er mir noch schenkte. Ich freute mich so sehr, dass er mir die Zeit ließ, in Ruhe Abschied von ihm nehmen zu dürfen. Ihn noch spüren, noch fühlen, noch hören, noch riechen zu können. Einfach noch da zu sein. Das war ein Geschenk, das nicht bezahlbar war. Es wurde täglich leichter für mich. Doch ich spürte auch, dass es jetzt endgültig ernst wurde. Zwei Tage danach ...
Er begrüßte mich abends noch wiehernd und hat auch noch etwas gefressen. Ihm ging es an diesem Abend nicht schlechter. Er war nur anders. Anders, als die ganzen Tage vorher.

Und ich spürte, was in ihm vorging. Ich war an diesem Abend länger als sonst im Stall. Es war sehr kalt und vor allem sehr, sehr windig. Bei ihm machte sich eine Unruhe bemerkbar. Er lief raus auf die Koppel und wieder in den Stall. Schaute und war so aufmerksam, wie ich ihn lange nicht mehr gesehen hatte. Es war keine Angst, die ich verspürte. Einfach nur eine Unruhe. Und sein Blick richtete sich immer wieder nach oben. Er stand auf der Koppel, graste kurz und blickte wieder nach oben. Er scharrte kurz und schaute wieder. Es sah auch nicht nach Schmerzen aus. Dann stand ich neben ihm, berührte ihn und spürte, dass sie hier waren, um ihn zu holen. Ich konnte nichts sehen. Nur spüren. Wir waren nicht alleine. Mit dem Wind kamen sie und der Wind trug sie wieder weiter. Es war ein unbeschreibliches Gefühl. Zum Teil auch unheimlich. Von den anderen Pferden wieherten einige kurz. Auch sie spürten, was da geschah. Ich sagte ihm, dass es okay wäre und er dürfe oder solle mitgehen, wenn für ihn die Zeit gekommen ist. Und ich war nicht traurig, sondern glücklich, dass ich das so miterleben durfte. Ich wusste, ihm würde es dort gut gehen. Mir kam es so vor, als wenn sie seine Seele mit dem Wind davon tragen würden. Ich freute mich für ihn. Auch die anderen Pferde verhielten sich sehr aufmerksam und interessiert. Das dauerte eine Weile so an. Dann lief er wieder in seinen Stall und wurde ruhiger. Als ich ihn umarmte, spürte ich sein Herz. Das ganze Pferd „bebte“. Der Herzschlag war so schnell, wie ich es noch nie erlebt hatte. Und er zitterte leicht am ganzen Körper. Ich wusste, dass es bald soweit sein würde. Ich hatte nicht den Eindruck, dass er Schmerzen hätte. Ich merkte einfach, dass sein Herz immer schwächer wurde. Sultan hatte sich die ganze Zeit vorher nie mehr hingelegt, aus Angst, nicht mehr aufstehen zu können. Ich wusste genau, wenn er sich hinlegen würde, dann für immer ... Ich merkte, dass er jetzt alleine sein wollte, seine

Ruhe haben und ich ging, wenn auch ungern. Ich wollte so gegen Mitternacht nochmal zu ihm schauen. Schlafen konnte ich ohnehin nicht. Ich lag im Bett und eine innere Stimme sagte mir, dass ich nicht zu ihm gehen solle. Ich weiß nicht, was mich zurückgehalten hatte. Es war fast wie ein Verbot. Stunde um Stunde verging. Ich stand eher als üblich auf und hatte Herzklopfen, so ein unwohles Gefühl im Bauch. Ich wusste nicht, ob ich ihn noch lebend sehen würde. Aber ich spürte, dass es soweit sein würde. Ich machte die Stalltüre auf und der Stall war leer. Das war nicht außergewöhnlich für ihn. Oft kam er morgens von der Koppel, wenn ich Licht im Stall machte. Doch diesmal kam er nicht. Mir wurde ganz anders. Ich bekam Angst und lief in Richtung Koppel. Gleich hinter seinem Stall im Sandpaddock, und auch noch auf seinem Lieblingsplatz, lag er. Diese kleine Mulde hatte er sich schon vor langer Zeit gegraben. Da sonnte er sich immer und schlief oft darin. Ich nannte sie immer sein „Bett“. Er lag also in seinem Bett und wollte dort auch sterben. Als ich kam, hob er seinen Kopf leicht und bewegte seinen Vorderfuß. Ich kniete mich zu ihm und fing zu weinen an. Ich machte mir solche Vorwürfe, dass ich nicht mehr gekommen war. Wo ich doch spürte, was geschah. Er war sehr schwach und schnaufte, legte seinen Kopf auf meine Oberschenkel, als wollte er sich bedanken, dass ich gekommen bin. Es war so schmerzhaft, ihn so liegen zu sehen. So kraftlos ... Im Sand waren Spuren, es sah aus, als wollte er sich eingraben. Ich wusste nicht, was in dieser Nacht gewesen war. Ich wusste aber, es war seine Nacht. Seine Nacht, die er für sich brauchte. Dann kam aber schnell das Gefühl, ihn erlösen zu müssen. Ich rief den Tierarzt an, der auch sehr schnell vor Ort war. Bis der Tierarzt kam, war ich bei ihm. Er lag sehr ruhig und bewegte sich kaum. Es sah aus, als ob er friedlich schlafen würde. So, als ob er auch gleich wieder aufstehen würde. Ich wusste aber genau,

dass dies nicht mehr der Fall sein würde. Als der Tierarzt kam, fragte er mich, ob ich schon versucht hätte, ihn zum Aufstehen zu bringen. Ich sagte ihm, dass ich das gar nicht mehr wollte. Ich wollte, dass er ihn erlöst. Ich konnte und wollte ihm nicht sagen, dass mein Pferd das so wollte.
Es ging dann sehr schnell und völlig ruhig vonstatten. Ich kniete bei meinem Süßen, redete mit ihm, streichelte ihn und bis ich mich versah, machte er seinen letzten Atemzug. Ich konnte meine Tränen nicht zurückhalten ... Und doch war ein Gefühl der Erleichterung in mir. Mein Pferd ist wieder schmerzfrei und voller Energie. Ich fühlte genau, dass seine Seele schon vor dem Einschläfern nicht mehr in seinem Körper war. Der Körper fühlte sich so leer an, obwohl er noch lebte. Keine drei Stunden nach seinem Tod stand Cora, die Hündin oben am Paddockrand, wo Sully lag. Sie war zuvor noch nie am Stall oder an der Koppel zu sehen gewesen. Auch Cora wollte sich von Sully verabschieden. Uns kamen die Tränen. Die beiden hatten sich nur kurz gekannt und doch so intensiv auf ihre Art. Ich habe Cora seither nur noch beim Vorbeilaufen gesehen.
Kurt, ein total guter und lieber Freund von mir, schrieb mir am Abend eine SMS: „ ... *irgendwie glaube ich, Sully gerade zu spüren. So als ob ich dir sagen soll, dass er gut drüben angekommen ist und es ihm gut geht. Er macht sich große Sorgen um dich. Ich sah ihn richtig vor mir: Er wiehert auffordernd (in deine Richtung), wieder und immer wieder. Fast schon verzweifelt, weil Du ihn scheinbar nicht hören kannst. Er ist wunderschön und seine Mähne weht im Wind. „Hey Petra, Du weißt doch, das ist nicht das Ende. Wir sehen uns wieder und Du wirst mich bis dahin immer wieder spüren“*. Ich habe mit dieser Vorstellung meditiert und kurz darauf meldete sich Kurt wieder: *„Als ich mich hingelegt habe, tauchte er wieder vor mir auf. Er galoppierte Anhöhen rauf und runter, wie befreit, steigt vorne hoch, schlägt im Lauf nach*

hinten aus. (...) wirklich im rasenden Galopp, rauf, runter, Kurven geschlagen, dass Staub und Gestein nur so aufstiegen, wie ein wildes, ungestümes Wildpferd, das seine Freiheit in vollen Zügen genießt. (...) Es sieht so aus, als ob er jetzt erst sein neues Leben voll genießen kann. So als ob Du ihn nun erst endgültig losgelassen hättest. Mir ist das Herz aufgegangen. Ich weiß nicht, woher diese Bilder kamen. Mein Verstand zweifelt. Und doch war alles so klar. Schön, das ich diesen tollen Kerl kennenlernen und vor seinem letzten Weg noch einmal sehen durfte."

Was Kurt da sehen und spüren durfte, hat er noch nie erlebt und auch danach nie mehr. Wir haben es uns so erklärt, dass Sultan ihn als „Kabel" eingesetzt hat. Er war schon immer ein schlauer „Fuchs" und weiß genau, an wen er sich wenden soll. Am nächsten Tag saß ich wieder im Büro und machte meine Arbeit. Den ganzen Tag hatte ich Sultans Geruch in der Nase. Ich wusste, dass er bei mir war und es tat bei aller Traurigkeit unheimlich gut.

Was dieses Pferd mir gab, konnte mir noch kein Mensch geben und was ich durch ihn lernen, spüren und erleben durfte, ist unbeschreiblich. Wunderschöne Geschenke, die unbezahlbar sind ... ich werde ihn immer lieben."

Petra Schrenker, Hollfeld

Loslassen üben II – Sterbebegleitung

„Ich bin von euch gegangen, nur für einen kurzen Augenblick und gar nicht weit. Wenn ihr dahin kommt, wohin ich gegangen bin, werdet ihr euch fragen, warum ihr geweint habt.“

(Lao-Tse)

Egal ob Alterstod oder Unfall – in kaum einem Fall stirbt ein Tier so plötzlich, dass keine Zeit für Vorbereitung beziehungsweise Begleitung bliebe. Und selbst da können wir energetisch oder mental noch Hilfestellung leisten, wenn wir den Eindruck haben, dass es gut wäre oder wenn es *uns* hilft.

Der Mensch und sein Haustier sind miteinander verknüpft. Je enger die Bindung ist, desto wichtiger ist es für beide Seiten, diese Bande dann auch sanft wieder zu lösen.

Lassen Sie sich nicht von einer Hektik um Sie herum anstecken.

Der Tierarzt mag es eilig haben, der Stallbesitzer drängeln, wohlmeinende Freunde nerven – lassen Sie sie. Im Zweifel leben Sie hinterher besser damit, sich einmal unbeliebt, nervig, anstrengend, hysterisch oder zickig dargestellt zu haben, als einen entscheidenden, ganz intimen letzten Augenblick verstreichen zu lassen oder davon überrannt worden zu sein. Es geschieht nicht einfach mit Ihnen. Sie haben die Wahl: Lassen Sie sich nicht überrennen!

Wenn um uns herum ein Wirbelsturm tobt, alles nur noch kreiselt, macht es keinen Sinn, durch den Strudel nach außen gelangen zu wollen. Dann werden wir nur mitgewirbelt. Gehen wir besser nach innen: Im Auge des Zyklons ist Windstille. Ruhe. Das ist ein physikalisches Gesetz.

Bedingungslose Liebe

„Ein sterbender Mensch muss zuallererst Liebe spüren“, schreibt Sogyal Rinpoche. Ich finde, für unsere Tiere gilt absolut dasselbe und wir können seinen Herzensrat zur Sterbebegleitung daher wunderbar auch auf unsere Pferde beziehen und übertragen:

„Diese Liebe muß frei sein von jeglicher Erwartung, so bedingungslos wie irgend möglich. Dazu braucht es keinerlei Expertenwissen. Seien sie einfach natürlich, seien Sie Sie selbst, ein wahrer Freund, eine wahre Freundin, und der Sterbende wird zweifellos spüren, dass Sie wirklich bei ihm sind (...) Schauen Sie sich zuerst den sterbenden Menschen (das sterbende Pferd, Anm. d. Verf.*) vor Ihnen an und betrachten Sie ihn* (es) *als Ihnen gleich; er* (es) *hat dieselben Bedürfnisse, denselben grundlegenden Wunsch, glücklich zu sein und Leiden zu vermeiden, dieselbe Einsamkeit, dieselbe Angst vor dem Unbekannten, dieselbe geheime Traurigkeit, dieselben halbeingestandenen Gefühle von Hilflosigkeit wie Sie. Wenn Sie das aufrichtig empfinden, merken Sie, wie Ihr Herz sich diesem Menschen (*diesem Tier*) öffnet und Liebe Sie beide verbindet.*

Der zweite Weg, den ich als noch wirkungsvoller erlebt habe, besteht darin, sich – ohne zu zögern – selbst in die Lage des Sterbenden zu versetzen. Stellen Sie sich vor, Sie lägen dort (...), allein, in Schmerzen und den Tod vor Augen. Dann fragen Sie sich aufrichtig: Was würden Sie am meisten brauchen? Was würden Sie sich wirklich wünschen? Was würden Sie von dem Freund an Ihrem Bett erwarten?

Wenn Sie diese beiden Übungen machen, werden Sie herausfinden, daß der Sterbende genau dasselbe will, was auch Sie sich am sehnlichsten wünschen: bedingungslos geliebt und angenommen zu werden." (Zitat aus „Das tibetische Buch vom Leben und vom Sterben")

Berühren Sie Ihr Pferd, streicheln Sie es, bleiben Sie bei ihm. Es ist nicht schlimm, wenn Sie weinen, aber signalisieren Sie Ihrem Pferd trotzdem deutlich, dass es gehen darf, dass es für Sie in Ordnung ist. Lassen Sie los! Das ist so wichtig ...
Erzählen Sie Ihrem Pferd, wie schön es im Licht sein wird, dass dort ein Ort ohne Schmerzen auf es wartet, Freiheit, Frieden, unendliche Freude. Stellen Sie sich vor, wie es von andern Pferden und von Lichtwesen abgeholt und begleitet wird, wenn dies zu Ihrem Weltbild passt. Verabschieden Sie sich an der Schwelle des Todes in der Gewissheit von Ihrem Freund, dass Sie ihn in die besten „Hände" übergeben. Und vielleicht spüren Sie sogar selbst diesen Frieden, den Hauch von Engelsflügeln, die Sie beide streifen, eine sanfte Veränderung des Lichts, oder die Ahnung eines zarten, ganz besonderen Duftes, wenn Sie in Ihrem Schmerz einen Augenblick innehalten ...
Wir vergessen in unserem Leid manchmal, dass wir ja immerhin in der uns vertrauten Welt zurückbleiben – für den, der geht, ist die Welt „drüben" Neuland – auch wenn es für die Seele ein Ankommen und Nach-Hause-Kommen ist – bevor die Schwelle überschritten ist, hat der Körper, die Materie unter Umständen den Drang festhalten zu wollen.
Selbst ein Entenküken muss von der Mutter vor dem ersten Bad ermuntert werden, manchmal sogar gestupst. Und wenn es drin ist, will es nie wieder raus, weil das Wasser einfach sein Element ist. So geht es wohl auch unsren Seelen mit der Inkarnation und Exkarnation, auch da sind sich Geborenwerden und Sterben wieder ähnlich.

Tanja Hillermann aus Kiel erzählt von ihren Erlebnissen mit Sterben und Tod:

Tanjas Erfahrungen

„Vor fast dreizehn Jahren verlor ich meine damalige Freundin, wir waren sehr seelenverwandt. Nachmittags gingen wir zwei bis drei Stunden mit unseren Hunden spazieren und telefonierten abends noch mal ein bis zwei Stunden. Unsere Männer hielten uns für bescheuert, grins. Aber wir waren auf einer Wellenlänge – manchmal sahen wir beim Gassigehen im Winter in den Sternenhimmel und fragten uns, was wohl nach dem Tode sein würde und gaben uns das Versprechen, diejenige, die als erste sterben würde, solle zurückkehren, um der anderen zu erzählen, wie und ob es irgendwie weitergehe …

Im März konnte sie wegen starker migräneartiger Schmerzen nicht zu meinem Geburtstag kommen, aber ihr Mann brachte ein Buch für mich mit: „Das Leben nach dem Tod" von Raymond A. Moody (hier berichten Menschen von Nahtod-Erfahrungen). Im Mai brach sie zusammen, und als ich sie im Krankenhaus besuchte (Hirnblutungen – sie lag im Koma) und ansah, wusste ich, sie würde gehen …

Zehn Tage später starb sie und eine Nacht nach ihrem Tode stand sie an meinem Bett und teilte mir mit, ich könne jetzt loslassen, es sei alles in Ordnung!

Da erst konnte ich tatsächlich loslassen … und sie hat ihr Versprechen eingelöst!

Der Hund, den ich zu dem Zeitpunkt hatte war Rasko, ein Schäferhund, mit dem ich Turnierhundesport machte. Auch wir waren tief verbunden. Im Alter begann er hinten mal mehr, mal weniger zu lahmen. Ich behandelte ihn naturheilkundlich, es wurde aber mit den Jahren immer schlimmer. Mein Mann brachte mehrmals an, der Zeitpunkt ihn zu erlösen komme immer näher (Rasko war

jetzt dreizehn), ich wollte nicht hören. Also bat ich eines Tages um ein Zeichen, wenn es denn so sein solle, dann ... .
Ungelogen brach er am nächsten Tag auf dem Spaziergang im Wald fünfzig Meter vor dem Auto zusammen – wir trugen ihn dann zum Auto ...
Ich hörte auf das Zeichen.
Unsere Katze starb drei Wochen nach unserem Hund an FIP, sie trauerte so um ihn, lag nur noch an seinem Platz und wollte nicht mehr. Wir hatten noch einen Kater – der bekam keine FIP – und die ist bekannterweise so ziemlich ansteckend ... .
Vor zwei Jahren starb dann überraschend mein Haflinger-Wallach auf der Koppel, einen Tag bevor wir in den Urlaub fuhren. Ich bekam einen Anruf aus dem Stall und wusste sofort, dass etwas nicht stimmt. Er war am Nachmittag tot in seiner Herde liegend auf der Koppel gefunden worden. Mittags tobten noch alle herum und als ich weinend auf die Koppel lief und seinen Körper dort liegen sah, wusste ich sofort, es ist nicht mehr Nicki, das was ihn ausmachte, so unverwechselbar, war fort – seine Seele. Es war für mich so deutlich spürbar!
Es war ein Sekundentod, er hatte noch Gras im Maul – es hat ihn buchstäblich der Schlag getroffen.
Einen Tag vorher wunderten sich alle, weil er zu jedem von uns einzeln kam und sich streicheln ließ. Heute wissen wir – er hat sich verabschiedet ...
Mein Urlaub und sein Tod waren Bestimmung, er ist gestorben, kurz nachdem ich mich für die Akupunkturausbildung angemeldet habe und einer Tierkommunikatorin hat er gegenüber geäußert, ich soll doch mein Heilversprechen einlösen, viele Menschen und Tiere würden auf mich warten!!!
Übrigens bin ich durch seine Hufrehe zur Akupunktur gekommen, sie war der letzte Auslöser für den Weg zur TCM, ich bin ihm so unendlich dankbar.

Mein Sohn hat eine Stoffwechselerkrankung, Mukoviszidose.
Als er geboren wurde, hatte er Atemprobleme und wäre fast gestorben, im Alter von vier, fünf Jahren hat er mir erzählt, als er ein Baby war, habe ihm eine ‚göttliche' Stimme gesagt, er würde noch nicht sterben, seine Zeit sei noch lange nicht gekommen. Heute kann er sich nicht mehr daran erinnern. Kinder haben aber in kleinen jungen Jahren noch ganz viel Kontakt zu ihren Schutzengeln und vielen mehr!
Letztes Jahr im Sommer war ich bei einer Tierheilpraktikerkollegin, die einen Gnadenbrothof für Tiere hat. Ich sah eine besondere Stute und fing an zu weinen, ich bekam Atemnot und stärkste Kopfschmerzen. Diese Stute hatte einen ausgeprägten Tumor im Kopf/Nüsternbereich. Sie wollte sterben und teilte mir das mit und ich konnte ihre Schmerzen und Beschwerden wahrnehmen, aber ich war doch noch so ein „Frischling" in Dingen TiKo – war das eine Verantwortung! Meine Kollegin ist da Gott sei Dank sehr aufgeschlossen und konnte das gut annehmen, wir standen da und heulten und einen Tag später kam die Tierärztin. Es war alles sehr friedlich und schön, alle Pferde standen drumherum und diese wunderschöne, weise, charismatische Stute legte sich alleine ins Gras … . Es war soweit, sie konnte gehen und sie ging davon …
Ich habe jetzt fast einen Roman geschrieben – aber das sind meine Erfahrungen zum Thema. Der Tod ist nicht alles gewesen, sämtliche Kulturen glauben an ein Weiterleben, ich tue das auch. Kennst Du das nicht auch, wenn dich kalte Schauer streifen oder geliebte Menschen oder Tiere einem plötzlich sehr nahe sind, obwohl sie den Raum getauscht haben!! Die Seele stirbt nicht, da bin ich mir sooo sicher."

Alles Liebe, Tanja Hillermann

Madina – auf den Spuren eines kleinen Einhorns

„Es war ein Moment, den ich nie vergessen werde, als Madina, ein etwa einjähriges arabisches Fohlen, mir am Kölner Schutzhof für

Pferde gegenüber stand. Ich half dort im Tierschutz mit und hatte zuvor schon viele Pferde gesehen, ob alt oder jung, die vor ihrer Ankunft dort aus diversesten Gründen krank, missverstanden oder gequält worden waren. Doch dieses Fohlen war anders. Ich war gebannt von seiner Schönheit, seinem Strahlen und dem Ausdruck in seinen Augen, fasziniert von der Tiefe, die ich in dieser Seele spürte. In diesem ersten Augenblick löste sich der Boden unter meinen Füßen, der Raum für mich auf, die Zeit blieb einfach stehen und es war, als hielt die Welt mit mir gemeinsam einen Moment den Atem an. Und sie war einfach da, diese Gewissheit, und tobte in mir. Worte wie „da ist sie endlich, du kennst diese liebevolle Seele schon unendlich lange", drängten sich in mein Herz. „Auf sie, auf diesen Augenblick hast du gewartet". Sie stand einfach nur da und blickte mich an, blickte mir mit Wärme und Freude in mein Herz. Ich konnte nur murmeln „oh mein Gott, bist du schön". Als mein Verstand sich kurze Zeit später zurückmeldete, löste er Unmengen Fragen in mir aus, Ahnungen, die ich mir nicht erklären konnte damals, machten mir Angst, weil ich sie nicht verstand. Ich fühlte nur, dass sich mein Leben durch die magische Begegnung mit diesem wunderbaren Pferdekind dramatisch und grundlegend ändern würde.

Heute, nach vielen Schmerzen und Jahren, sind diese Fragen beantwortet. Ich weiß heute, dank Madinas tragischem und zugleich wundersamen Tod, dass es so sein musste, sollte, dass es das Geschenk meines Lebens war, sie zu treffen und eine bittersüße Zeit begleiten zu können, ihr in den Tod helfen zu dürfen.

Da Madina eine Erkrankung hatte, die trotz fachkundiger ärztlicher Begleitung nicht genau medizinisch geklärt werden konnte, machte ich mich damals auf den Weg, alternative Lösungen zu finden, um ihr zu helfen. Einige Monate, nachdem am Schutzhof die Möglichkeiten für ihre Behandlung nicht mehr ausreichten, brachten wir sie zu ihrem behandelnden Tierarzt und stellten sie dort unter, wo sie wiederum Monate später schlussendlich ihren Frieden finden konnte.

Ich kümmerte mich um sie und unsere Herzen waren auf das Engste verbunden. Durch dieses kleine, zutiefst tapfere Pferdemädchen lernten Karin Müller und ich uns kennen. Auf meiner Suche nach Hilfe, nach Verstehen und Begreifen um Madinas Zustand, bekam ich ein Buch von Karin in die Hand, welches sich „Zwiesprache mit Pferden" nannte. Ich verschlang es und es verschlug mir bereits nach den ersten Seiten die Worte. Genau, ganz genau das, was sie dort beschrieb, in Worte fasste, war meine innere Verbindung zu den Tieren, seit ich denken konnte, seit ich ein kleines Mädchen war. Ich fühlte mich schlagartig zu Hause, angekommen, verstanden und seltsam umarmt. Es war als hätte sie meine Gedanken, meine Erfahrungen mit mir geteilt. Ich hatte endlich einen Menschen gefunden, der selbst erfahren hatte, was ich tief in mir verborgen hielt bis zu jenem Moment des Lesens. Tiere können sprechen, sie fühlen und kommunizieren, sie verstehen uns und wir Menschen können wieder lernen, sie zu verstehen, weil wir es alle in uns tragen!

Völlig aufgelöst rief ich Karin an und diese warmherzige, hilfsbereite Frau half mir spontan mit Madina, dazu noch ohne Gegenleistung, da es ein Pferdeschutzhof-Schützling war. Sie kommunizierte mehrfach mit Madina und als ich die erste Kommunikation in der Hand hielt, konnte ich nur noch weinen vor Ergriffenheit, vor Liebe für dieses Tier, vor Dankbarkeit für das, was ich erleben durfte. Ich spürte, es war Madina, die sprach, ja, sie konnte, genau wie alle anderen Tiere, „sprechen", kommunizieren, ihrer Seele Ausdruck verleihen und sich auf stiller, wortloser, mentaler Ebene verständigen. Ich hatte es immer geahnt, immer still in mir getragen, nun aber war der Gleichklang meines Fühlens mit den geschriebenen Worten jener einfühlsamen Frau in mein Dasein eingeschlagen wie eine Bombe. Ich wusste, genau das war meine Antwort. Tiere wissen um die Dinge, die Menschen bewegen, sie wissen um ihre Krankheiten, wissen, was wir uns nicht zu träumen wagen, sie sind verbunden mit allem, was ist.

Dass es wirklich Madina war, mit der Karin gesprochen hatte, war zweifelsfrei, denn sie hatte in ihrem Protokoll Dinge erfahren von diesem Pferd, die nur wir zwei wussten, Madina und ich. Sie hatte erkannt, wo ihre Schmerzen waren, gab eindeutig die gesamte Lage wieder und darüber hinaus treffsichere Hinweise zum Krankheitsbild.

Erste Kommunikation mit Madina und Karin: „Grauer Nebel, Schatten im Kopf, Tumor. Magen, Bauch, alles hart wie Stein. Tut weh. Und das Blut, dickflüssig, verseucht. Zerbrechliche Knochen und die Haut schwammig. Ich weiß nicht, was es ist. Mag nicht kauen mit den Zähnen. Lieblingsfutter schmeckt nicht mehr. Alles viel zu hart. Schmerzen, Schmerzen beim Kauen. Fressen macht keine Freude mehr. Zupfe vorsichtig Gras. Frisches Wasser, Durst, Brennen im Magen. Vergiftung, Dämpfe, alter Stall. Sie tun viel, aber sie finden es nicht. Und es wird immer schlimmer. Grauer Schleier. Ganz beunruhigend, Herzrasen, Atemnot, schnürt auch die Brust ein. Dann wieder Apathie. Aber ich will, will gesund werden. Die Frau ist sehr engagiert. Sie will mir helfen, das spüre ich. Möchte gern bei ihr bleiben, sie ist ein Mensch, der es lohnt. Anders habe ich schlechte Erfahrungen gemacht. Naja, sie weiß es ja. Sonst wäre ich nicht bei ihr. Die anderen Pferde tun mir im Moment nicht gut. Ich brauche Ruhe, Abstand. Bin nicht geimpft worden, nicht richtig. Pfusch. Laute Geräusche tun mir weh. Manchmal schaukele ich mich weg, jenseits der Schmerzen. Muskelkrämpfe. Ich brauche Stille. Keinen Krach im Ohr. Das Rauschen des Blutes ist mir Lärm genug. Und Wärme. Aber manchmal ist mir auch kalt. Stellt meine Hufe in kühlendes Wasser, aber deckt mich warm zu. Orange ist meine Lieblingsfarbe im Moment. Gebt mir Orange. Das lindert die Schmerzen. Und Grün. Fieberschübe kommen und gehen. Zur Ader lassen, um den Druck zu senken. Infektion, unsauberes Werkzeug, sie haben mich gequält. Hier ist es sonst sehr schön, wohltuend. Aber ich habe im Moment keinen Sinn dafür. Bin nicht im Hier und Jetzt, bin in mir. Schmerz, alles tut weh."

Auf diese Weise klärten sich über Monate all meine quälenden Fragen zu ihrem gesundheitlichen Zustand und auch die Frage bezüglich Madinas Wunsch, zu bleiben trotz Schmerzen oder gehen zu wollen. Zu ihren Symptomen gehörte, dass sie fiel, gleich einem epileptischen Anfall, einer Form von Ataxie, zeitweise einfach umfiel, und mit dem ganzen Gewicht unkontrolliert auf den Boden aufschlug, als schaltete sich ihr Bewusstsein für einen Moment aus. Verletzungen konnten nicht ausbleiben und da ihre Beine sie nicht mehr tragen konnten und sie immer weniger Kraft hatte, sich wieder zu erheben, blieb sie immer öfter einfach nur im Stroh liegen. Madina hatte mir in unzähligen Stunden des Zusammenseins immer und immer wieder zu verstehen gegeben, dass es die Liebe war, die sie noch bleiben lassen wollte, ihre Freude, trotz eines kranken Körpers geliebt zu sein. Sie wollte dieses Gefühl eine Weile einfach noch genießen, obwohl sie schon lange wusste, dass sie nie ein erwachsenes Pferd werden würde in diesem kranken Körper. Karin begleitete uns mental:

„Aber ich will, will, will gesund werden. Habe einen starken Willen. Und ihr zuliebe. Nur manchmal glaube ich, ich schaffe es nicht. Wir werden sehen, alles kreist sich in mir. Allahs Wille. Irgendwas kam hinten rein, ich konnte mich nicht wehren, sie haben mir den Schweif hoch gehalten. Schmerzen in den Eierstöcken, Nieren, alles. Innere Organe. Leber, alles kreist sich, innere Unruhe, Strudel, Schwindel. Herzrasen. Aber meine Knochen sind okay. Ich bin so ein schönes Pferd gewesen, will es wieder sein. Schatten meiner selbst, mir ist so komisch. Ich brauche Ruhe, finde sie nicht, Unrast, Schlaf wäre schön, wenn nur die Mäuse nicht wären. Schmerzen auch in den Gelenken, Wirbeln, die Hüfte schief, steif, rechte Schulter, Rücken steif. Halswirbel verspannt. Alles, weil ich dem Schmerz zu entkommen versuche. Möhren würden mir schmecken, wenn sie ganz klein geschnitten wären. Frisches Orange, Einsamkeit, mag nicht sprechen. Schmerzen auch in den Vorderhufen. Müde.“

Der Zeitpunkt des Abschieds rückte immer näher. Wie wertvoll diese Form der Verständigung damals für mich und Madina war, kann ich heute erst ermessen, nachdem ich durch all die Zweifel gehen musste, wann der rechte Moment sein würde, sie gehen zu lassen. Meine Hoffnung auf ein Wunder schwand von Tag zu Tag mehr und sehr langsam konnte ich akzeptieren, dass sie erlöst werden musste. Ich bat Karin, mir dabei zu helfen, um mir die Unsicherheit über den Zeitpunkt des Todes zu nehmen durch erneute Kommunikation. Meine eigenen Gefühle, was Madina mir zu verstehen gab, wenn ich mit ihr zusammen war, erzählten mir genau dasselbe, wie die nachfolgende Kommunikation: „ ... die Bilder, die ich bekomme, strahlen Ruhe aus. Friedliche Erwartung, ich weiß nicht, wie ich es besser formulieren soll. Ich sehe das verletzte Gelenk, aber keinen Schmerz (mehr?). Eine Spritze, Madina liegend im Stall, das Herz hat Mühe zu schlagen, aber keinen Schmerz mehr. Betäubung. Und: Es ist gut so. Und dazwischen glückliche Bilder von einer gesunden, übermütigen Madina, die Sonne und Frühlingsluft atmet auf der Wiese und frei ist. Frei und glücklich.“

Der Moment des Loslassens kam. Madina lag im Stroh, schaute mich mit großen liebenden Augen an und war gefasst, ruhig und sehr friedvoll. Ihr bester Freund, ein großer schwarzer Wallach, der immer an ihrer Seite war und sie stützte, wenn sie schwankte, wurde herausgeführt. An diesem sonnigen Februarmorgen blieb wieder die Zeit stehen für mich. Sie verließ ihren Körper unendlich ruhig, es war ein Augenblick, den ich nie vergessen werde, weil er genau so heilig und magisch war, wie das erste Treffen mit Madina. Was Karin noch nicht ahnte, als sie kommunizierte, war, dass es nach der Kommunikation genau so geschehen war. Madina wusste bereits vorher, wie ihr Tod sein würde und gab dies Karin zu verstehen. Durch diese mentale Kommunikation konnten wir uns so verständigen, dass keine einzige Frage mehr offen geblieben war. Ich konnte erfahren, was sie sich wünschte und ich erfuhr, dass es

für sie in Ordnung war, dass es ihr Wunsch war, eingeschläfert, aus dem gequälten Körper entlassen zu werden.
Am Abend zuvor bereiteten wir beide uns darauf vor, wir waren still beieinander und wie Eins. Sie schlief ein bei einer Reiki-Sitzung und kippte mir in die Arme vor Entspannung.
In einer stillen Zwiesprache hatte sie mich aufgefordert, mit der Gewissheit um die mentale Kommunikation zwischen Mensch und Tier, die all die Jahre in mir schlummerte, in die Öffentlichkeit zu gehen, meiner Berufung zu folgen, zu erklären, was Tiere fühlen, ihnen die Kommunikation nahe zu bringen. Ich habe es ihr an diesem Abend versprochen und heute weiß ich, dass sie nur deshalb in mein Leben trat.
An jenem folgenden kalten Morgen durfte ich ihren Kopf in meinen Armen halten und sie entschlief ihrem Körper durch die vorsichtig gesetzte Spritze ihres Tierarztes. Ich habe in meinem Leben nie mehr Frieden gespürt, mehr Dankbarkeit, als bei diesem Abschied. Ihr großer, schwarzer Freund wieherte lauthals vor dem Tor in diesem Augenblick des Abschieds, als wenn er neben uns gestanden hätte. Er hatte es gespürt, als sie ging.
Ich besuchte Karin im Anschluss auf einem ihrer Kommunikations-Workshops und lernte nun endlich auch persönlich eine Frau kennen, die herzlich, ehrlich und sehr bodenständig ist. Sie gab mir durch ihre Hilfe die Möglichkeit, zu meinem eigenen Weg zu finden und nach Madinas Tod stellte ich mich hauptberuflich der Tierkommunikation. Dafür bin ich Madina und Karin unsagbar dankbar.

Dass Abschied auch Neubeginn ist, durfte ich mittlerweile ergreifend erfahren. Madina und ich blieben seit ihrem Abschied innerlich verbunden miteinander und heute, da meine Stute Estelle im elften Monat tragend ist und Madina mir damals verriet, dass sie eines Tages, wenn ich den Boden bereitet habe, wieder kommen werde, freue ich mich unendlich auf ein Wiedersehen. In einem meiner eigenen Workshops kommunizierte die Kommunikationskollegin Angelika Ö. mit Madina über ein Foto von ihr. Sie fand sich unversehens wieder in der Box meiner Stute, erkannte die Stallkatzen und die gesamte Umgebung, verstand dies aber zunächst nicht. Angelika: „Ich bekomme eine Gänsehaut, ein ganz warmer Schauer, dann höre ich: „Ho, ich bin schon alt, es ist warm, mollig warm, aber es stinkt nach Mist. Pferdeäpfel, ein Haufen (vor der Boxenanlage stand derzeit der Mistwagen). Es ist ein Stall hier, laut, unruhig. Ein Hin und Hergelaufe, aber ich bin außen vor, ich krieg das nicht so mit, es ist dunkel, ich bin nicht so richtig da, es ist richtig warm, aber es stinkt, stinkt nach Mist, wieder Lärm im Gang, (zur Zeit der Kommunikation wurden die Pferde gerade von der Weide in den Stall geholt), am Ende wird es Licht, da wird es hell und warm von der Sonne, ja ich möchte in der Sonne stehen, hier ist es dunkel, ich liege und kann mich kaum bewegen, den Kopf nicht heben, es ist verwirrend, ich bin außen vor, bemerkt das denn keiner? Ich möchte hier raus, denn ich kann nicht hoch, ich möchte aber in die Sonne und kann nicht gehen und laufen, der Bauch ist fest, ich kann nicht hoch, lasst mich doch raus, galoppieren, in der Sonne auf der Weide stehen, in der warmen Sonne. Ich freue mich schon so."

Petra Wiesmann, Rheinbach-Hilberath

Sunny

Tierkommunikationsprotokoll, aufgezeichnet am 8. März 2008 durch Ulrike Schulze

„(...) Nichts kann getrennt sein, was sich für alle Zeiten verbunden hat und auch nicht der Tod, denn auch er ist endlich, wie das Leben, und zu einer anderen Zeit werden wir uns wiederfinden. Bedenke auch, wenn du etwas gehen lässt, kann etwas Neues entstehen. Und du wirst weiterschreiten auf deinem Weg, dein Weg wird voranschreiten und so ist es auch gedacht und es ist gut so. (...) Du wirst uns finden in deinen Träumen, jederzeit. Ich bin ein Teil von dir. Wie soll ich denn verschwinden? (...)

Das ist alles sowieso eine Illusion. In Wahrheit treffen wir uns außerhalb. (...) Bleibe bei dir und dir treu und höre bei allem, das du tust auf dein Herz. Denn in deinem Herzen, da wohne auch ich und überall, wohin dein Herz dich bringt, da wirst du mich finden. Ich werde der Wind sein in deinem Haar und die Sonne in deinem Gesicht. Ich werde Carlottas Lachen sein und das Bild, das von der Wand fallen wird. Ich werde der Regen sein und der Schnee, aber besonders eines werde ich für immer für dich sein, deine Sunny. Voller Liebe für dich, die dir Licht schickt wo immer du es brauchst (...) und so wie ich in deinem Herzen bin, wirst du es für immer in meinem sein. (...) Unser Band überdauert die Zeit und reicht in die Unendlichkeit.“

Service

Nützliche Adressen

Sibylle Wiemer: www.sibyllewiemer.de, www.reiteninfintel.de
Naturheilpraxis Rita Heese: https://www.heilpraxis-heese.at
mail: praxis.heese@aon.at

MTB – Mensch-Tier-Balance-Zentrum:
www.mensch-tier-balance.at

Pferdekremationen:
https://www.pegasus-pferdebestattung.de/
https://www.humania-pferdebestattungen.de
https://www.tierbestattung-sonnenaue.de/pferdebestattung
https://www.tierbestattung-sunset.de/index.php/pferdebestattung
www.waldfriedhof.at
https://www.dankundtreu.de/de/pferd
https://anubis-tierbestattungen.de/tierbestattungen/pferdeeinaescherung
http://www.pferde-bestattungen.de/index.html
https://pferdekrematorium-horsia.de
https://debreborgh.de
https://www.pferdenkrematorium.de
https://www.pferdekrematorium.ch/
https://tierkrematorium.at/pferdekrematorium.html

Hier sind Bestattungen von Mensch und Tier möglich:
www.tier-friedhof.ch
https://unser-hafen.de/
https://www.aeternitas.de/inhalt/bestatten_beisetzen/themen/mensch_tier_bestattung/beispiele

Europäische Penzel-Akademie, Willy-Penzel-Platz 1–8, 37619 Heyen bei Bodenwerder
mail: info@apm-penzel.de
www.apm-penzel.de
Infos zum Thema Schlachten/Schlachter in Ihrer Nähe:
www.pferd-lamm-wildspezialitaeten.de
www.pferd-und-fleisch.de/
https://pferdeschlachtung-bremen.de/

Literatur

Sabine Bode/Fritz Roth: Der Trauer eine Heimat geben, Gustav Lübbe Verlag, Bergisch Gladbach 1998

Mircea Eliade: Das Heilige und das Profane, Insel Verlag, Frankfurt/Main 1998

Rolf Froböse: Die geheime Physik des Zufalls, BoD GmbH, Norderstedt 2008

Arnold van Gennep: Übergangsriten, Campus Verlag, Frankfurt/Main 1986

Rita Heese: Das Wiehern der Gesundheit, WZG Verlag, Dormagen 2007

Nils-Olof Jacobsen: Leben nach dem Tod?, Bastei Lübbe, Bergisch Gladbach 1984

Patricia Kelley: Trost in der Trauer, delphi, München 1997

Dr. Elisabeth Kübler-Ross: Über den Tod und das Leben danach, 10. Auflage, Silberschnur Verlag, Güllesheim 2002

Serdar Özkan: Die Stimme der Rose, blanvalet Verlag, München, 2007

Prof. Dr. Milan Rézl: Der Tod ist nicht das Ende, Ariston, München 1995

Sogyal Rinpoche: Das tibetische Buch vom Leben und vom Sterben, O.W. Barth, München 1999

Antoine de Saint-Exupéry: Der kleine Prinz, Karl Rauch Ver-

lag, Düsseldorf 1956
Michael Sorsche: Unseren Tieren zuhören, Atlaris Bücher, Haundorf 2001
Rosina Sonnenschmidt: Heilende Hände für Tiere, Kosmos Verlag, Stuttgart 1999
Sonnenschmidt: Farb- und Musiktherapie für Tiere Sonntag Verlag, Stuttgart 2000
Penelope Smith: Tiere erzählen vom Tod, Reichel Verlag, Weilersbach 2007
Stäbler, Carmen (Hrsg.): Abschied vom geliebten Tier – Ein Ratgeber für den Umgang mit Trauer, BoD, 2004
Eckhart Tolle: Eine neue Erde, Goldmann Arkana, München 2005
Dr. med. vet. Beatrice Düllfer-Schneitzer: Pferdegesundheitsbuch, FN Verlag, Warendorf 2006

Zum Weiterlesen

Bührer-Lucke, Gisa: **Schüßler-Salze für Pferde**; Die Wirkung der Heilsalze, Anwendung und Therapie, KOSMOS 2007
Die 12 Schüßler-Salze sind eine Weiterentwicklung der Homöopathie, jedoch viel einfacher anzuwenden als diese. Wie Sie sanft, aber wirkungsvoll die Gesundheit Ihres Pferdes verbessern können und welches Salz Sie für welchen Zweck brauchen, erfahren Sie in diesem Ratgeber.

Mahlstedt, Dieter: **Akupunkt-Massage nach Penzel am Pferd**; Fitness und Wohlbefinden durch chinesische Heilkunst, KOSMOS 1997, 2008
Durch sanfte Stimulierung der Akupunktur-Punkte und Meridiane können Störungen im Energiekreislauf behoben und Erkrankungen der Körperfunktionen sowie Störungen des Bewegungsapparats erfolgreich behandelt werden.

Meyerdirks-Wüthrich, Ute: **Bach-Blüten für Pferde;** Ausgleich für Körper und Seele, Therapie für Pferd und Reiter, KOSMOS 2004, 2008
Mit vielen Fallbeispielen, Anwendung des Naturheilverfahrens als Unterstützung bei Erkrankungen, konkrete Beispiele aus der Praxis, Vorstellung aller verschiedenen klassischen Bach-Blüten.

Ochsenbauer, Ute: **Schwierige Pferde verstehen und fördern**; Probleme als Chance sehen und lösen, KOSMOS 2008
Selbst erfahrene Pferdemenschen stehen sogenannten Problempferden oft ratlos gegenüber. Das muss nicht sein. Die Autorin geht den Ursachen auf den Grund, erklärt, was unerwünschtes Verhalten zu bedeuten hat und zeigt anhand praktischer Übungen, wie schwierige Pferde zu freundlichen Gefährten werden.

Rakow, Michael: **Die homöopathische Stallapotheke;** Wirkung und Anwendung, Therapie der häufigsten Krankheiten von A bis Z., KOSMOS 1999, 2002
Dieses Buch informiert über die vielfältigen Möglichkeiten und Anwendungsbereiche mit sanften Heilmethoden. Dazu werden die häufigsten Gesundheitsstörungen und Krankheiten der Pferde beschrieben, so dass Notsituationen schneller erkannt werden können.

Schöning, Barbara: **Pferdeverhalten**; Verhaltensentwicklung, Probleme vermeiden, neue Erkenntnisse, KOSMOS 2008
Diese moderne Verhaltenslehre ist auf dem neuesten Stand der Forschung. Sie erklärt wissenschaftlich fundiert und für jedermann verständlich, wie und warum Pferde ein bestimmtes Verhalten zeigen und welche Konsequenzen dies für einen artgerechten Umgang hat. Neben dem Normalverhalten wer-

den auch problematische Verhaltensweisen aufgegriffen und pferdefreundliche Trainingsansätze vorgestellt.

Simonds, Mary Ann: **Was Pferde wirklich brauchen**; Der Weg zu Ausgeglichenheit und Leistungsstärke, KOSMOS 2006
Die Verhaltensforscherin beschreibt, wie Pferde denken, lernen und welche Bedürfnisse sie haben. So zeigt sie, wie wir unseren Pferden trotz Einschränkungen ein artgerechtes, stress- und sorgenfreies Leben bieten können.

Tellington-Jones, Linda und Taylor, Sybil: **Die Persönlichkeit Ihres Pferdes**; Die Kunst, Charakter und Temperament zu erkennen und positiv zu beeinflussen, KOSMOS 2008

Thiel, Ulrike: **Die Psyche des Pferdes**; Sein Wesen, seine Sinne, sein Verhalten, KOSMOS 2007
Wer weiß wirklich, wie Pferde fühlen und wie sie das Gerittenwerden erleben? Ein Blick in die Psyche des Pferdes vermittelt überraschende Einsichten und beantwortet viele Fragen: Warum lassen sich Pferde nicht belügen? Warum sieht das Pferd den Reiter nicht immer als Partner, sondern auch als Raubtier? Warum ist Balance für Pferde lebensnotwendig? Lernen Sie, die Welt mit den Augen des Pferdes zu sehen!

Wittek, Cornelia: **Stallmeisters Hausapotheke**; Bewährtes Wissen zur Pferdegesundheit, KOSMOS 2009
Wie bekommt man bei schwerfuttrigen Pferden mehr auf die Rippen, wie beruhige ich Nervenbündel und wie werden schlappe Pferde wieder fit? Für jedes kleine und große Problem wusste der Stallmeister Rat – praktisch und wirksam.

Register

Epilog

Gibt es ein Leben nach der Geburt?

Ein ungeborenes Zwillingspärchen unterhält sich im Bauch seiner Mutter.
„Sag mal, glaubst du eigentlich an ein Leben nach der Geburt?“ fragte der eine Zwilling.
„Ja auf jeden Fall! Hier drinnen wachsen wir und werden stark für das was draußen kommen wird“, antwortete der andere Zwilling.
„Ich glaube, das ist Blödsinn!“ sagte der erste. „Es kann kein Leben nach der Geburt geben – wie sollte das denn bitteschön aussehen?“
„So genau weiß ich das auch nicht. Aber es wird sicher viel heller als hier sein. Und vielleicht werden wir herumlaufen und mit dem Mund essen.“
„So einen Unsinn habe ich ja noch nie gehört! Mit dem Mund essen, was für eine verrückte Idee. Es gibt doch die Nabelschnur, die uns ernährt. Und wie willst du herumlaufen? Dafür ist die Nabelschnur viel zu kurz.“
„Doch, es geht ganz bestimmt. Es wird eben alles nur ein bisschen anders.“
„Du spinnst! Es ist noch nie einer zurückgekommen von ‚nach der Geburt‘. Mit der Geburt ist das Leben zu Ende. Punktum.“
„Ich gebe ja zu, dass keiner weiß, wie das Leben nach der Geburt aussehen wird. Aber ich weiß, dass wir dann unsere Mutter sehen werden und sie wird für uns sorgen.“
„Mutter??? Du glaubst doch wohl nicht an eine Mutter? Wo ist

sie denn bitte?“
„Na hier – überall um uns herum. Wir sind und leben in ihr und durch sie. Ohne sie könnten wir gar nicht sein!“
„Quatsch! Von einer Mutter habe ich noch nie etwas bemerkt also gibt es sie auch nicht.“
„Doch, manchmal, wenn wir ganz still sind, kannst du sie singen hören. Oder spüren, wenn sie unsere Welt streichelt ...“

Nach Henry Nouwen

Impressum

Umschlaggestaltung von eStudio Calamar unter Verwendung von drei Farbfotos von Anna Thor (Hauptmotiv) und Ramona Dünisch (U4).

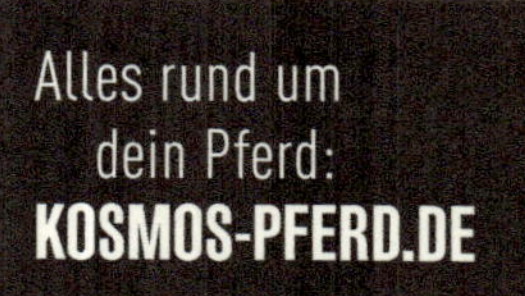

ISBN 978-3-440-16996-4
Redaktion: Alexandra Haungs
Gestaltung und Satz: Jana Falkner, Julia Fuchs
Produktion: Claudia Frank
Printed in Germany / Imprimé en Allemagne